原创力之谜

THE SECRET OF CREATIVITY

周林飞 著

上海交通大學出版社
SHANGHAI JIAO TONG UNIVERSITY PRESS

内容提要

这是一本关于原创力的科普类著作。作者孜孜不倦地探索原创力的源头与奥秘，对人类伴随自身进化、成长、发展所进行的不懈努力，生物界生存智慧对人类的种种启示，予以深入剖析，饶有情趣，也很富哲理。尤其是关于心智在原创活动中的核心价值等问题，旁征博引、史料翔实，但又深入浅出、引人入胜。

本书给致力于科技创新的人们、充满未来希望的青少年们带来深刻的启示和莫大的激励。

图书在版编目(CIP)数据

原创力之谜 / 周林飞著. —上海：上海交通大学出版社，2015
ISBN 978-7-313-14085-2

Ⅰ. ①原… Ⅱ. ①周… Ⅲ. ①创造性思维—研究
Ⅳ. ①B804.4

中国版本图书馆 CIP 数据核字(2015)第 269055 号

原创力之谜

主　　编：周林飞
出版发行：上海交通大学出版社　　地　　址：上海市番禺路 951 号
邮政编码：200030　　电　　话：021-64071208
出 版 人：韩建民
印　　制：苏州市越洋印刷有限公司　　经　　销：全国新华书店
开　　本：880 mm×1230 mm　1/32　　印　　张：7.375
字　　数：160 千字
版　　次：2015 年 12 月第 1 版　　印　　次：2015 年 12 月第 1 次印刷
书　　号：ISBN 978-7-313-14085-2/B
定　　价：38.00 元

序

这是一本关于创造学的科普类著作，书中广泛涉猎人类创新的史实、生物界的生存智慧、人类文明产生与发展的途径，尤其是关于心智在原创活动中的核心价值等问题，旁征博引，史料翔实，但又深入浅出、引人入胜。

作者孜孜不倦地探索着原创力的源头与奥秘，对人类伴随自身进化、成长、发展所进行的不懈努力，生物界生存智慧对人类的种种启示，予以深入剖析，饶有情趣，也很富哲理。例如，生活在北极酷寒地带、以长寿闻名于世的爱斯基摩人，何以缺乏创造能力；又如，创造了金字塔惊人文明的古埃及人，何以后来销声匿迹……凡此种种，都发人深思，催人奋进。而作者的条分缕析与论述不乏真知灼见，给今天为实现中国梦而殚精竭虑、致力科技创新的人们，尤其是寄托着祖国未来希望的青少年们，带来深刻的启示和莫大的激励。

我想，这就是作者撰写本书的终极目的，也是我在这里向读者推荐这本书的理由。

当今中国，正在万众一心，为实现中华民族伟大复兴的“中国梦”而不懈奋斗。而创新则是中华民族发展的不竭动力。国家对此高度重视。2013 年，我国科技部等 12 个单位在深圳联合召开国家文化科技创新工程会议，审议通过了《文化科技创新工程纲要》,并作出了全面部署。这表明,我国最高决策层对科技创新的高度重视,同时出台了一系列相关举措,其意义极为深远。

最近读到一则报道:在广州举行的第65届德国纽伦堡国际发明展上,中国选区选拔赛暨中国第九届青少年创造力大赛上,来自上海金山区枫泾镇的华师大附中"白牛小分队"获得了四金二银的好成绩。迄今为止,这支智多星"小分队"已在区级以上各类科技比赛中获得1 000多个奖项,其中包括美国第十届家用机器人灭火比赛中的两个个人冠军。他们还在第24、25、26届英特尔上海中学生发明创新大赛上获得专项奖和一等奖,并连续两届获得上海市"明日科技之星"的称号。

生活是创新与发明的沃土。枫泾中学生的创造发明都源自对日常生活的观察与思考。他们的发明与创意新颖而又实用,是可以化为生产力的。例如:他们针对驾驶员刹车时误踩油门的现象,发明了一种控制器,可以避免交通事故;电梯发生机械故障会出现险情,他们为此发明了以点刹控制下落速度的装置,让电梯安全停靠在最近的楼层;他们发明的多功能护理床,可以为卧床病人完成翻身、起坐、排泄等多种动作;他们还利用风能与光能,制成兼具捕虫、给鱼喂食、增加氧气的多功能鱼塘设备。如此等等,充分证明了我国中学生无穷的聪明才智,实在令人欣喜。一区一校尚且有如此智力潜能,那么全市全国的中学生该有多少"智多星",其潜力是无可限量啊!

可见,需求推动创新。创新产业可以直接服务于人类,造福于人类。

创新,发明,对于我们这样一个发展中国家,对于我们实现中华民族伟大复兴的中国梦,是何等重要,何等迫切啊!

本书的亮点,本书的价值正在于此。是为序。

邓伟志

卷前语

坊间所见创造学方面书刊，讲思维技巧的似较普遍。本书除主要介绍创新、创意和原创的核心技术，还介绍创新的普适机理、生物界如何搞创新应对生存危机，及人类历史上科学与艺术繁荣的标杆：古希腊和文艺复兴时期的佛罗伦萨以及近代西欧崛起的条件、创意人如何强化自身原创力的“硬件”与“软件”，等等。扩大视野，便于读者自行触类旁通，去揭示原创之谜。

周林飞

2015年12月

目　录

第一章

发展的可持续，在于拥有原创力和学习力

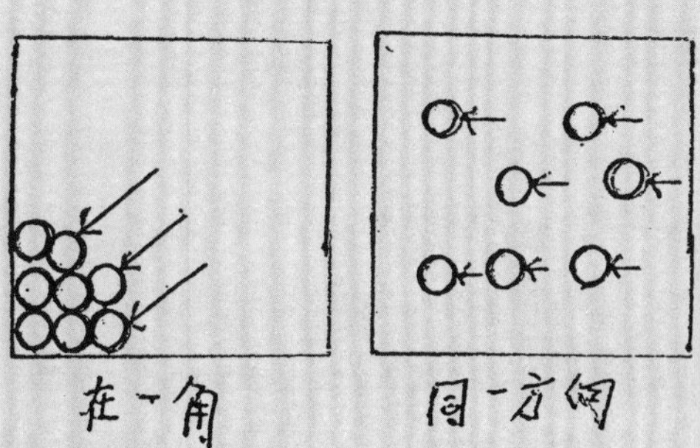

一、旅人的质疑：创造金字塔的埃及人，为何不再有新贡献

摩尔根在其名著《古代社会》中指出："人类能不能征服地球完全决定于他们生存技术之巧拙"。狮子、老虎等猛兽，先于人类出现在地球上，而人类诞生之时，没有现成的铁叉、猎枪，也没有内省经验。他们第一个"技术性"行动是拿起随便捡到的石块向袭来的猛兽砸去——最"拙"的办法。反正怎么都行，因为他们想要生存下去。经过100多万年在黑暗中摸索，和近代以来科学明灯的指引，生存技术越来越变"巧"了。一件件新颖、独特和有价值的东西被创造出来。所谓"有价值"，主要是指能满足人类需要。爱因斯坦说："人类做和想的一切都与满足迫切的需要和减轻痛苦有关。"要是有一天某一处人类群体，没有了想象和渴望，他们思维和行动的创造力就枯竭，社会就会沉寂下去。如到尼罗河地区旅行的人，抬头望见五千年前建造的巍峨高大的神庙、金字塔无不骇然，赞叹其创造之伟力，但同时又生一疑问，那个伟大文明为什么后来悄无声息了？答案是：古埃及人重来世轻今生，他们耗尽资源之后，逐渐淡漠了前瞻想象力和创造性。创造力枯竭，发展也就不再持续。对此，英国历史学家汤因比指出："埃及人热衷于追求死后的永垂不朽，这种追求甚至比追求在世之年任何可以得到的东西更为猛烈。他们尽情享用今生可以得到的物质。他们以永远享受这种愉快的生活为前提，设计了死后的永生，他们就把更多的财富和精力，用来修建陵墓，而不去造房屋，用来把尸体做成木乃伊，而不去

装饰今人的躯体。”换句话说，埃及文明不再辉煌与他们民族的哲学和人生观有关。

二、小农意识阻滞创新经济的发展

熊彼特的《经济发展理论》把社会经济活动区分为两种类型：“循环的经济”与“发展的经济”。前者实际上是一种简单再生产。例如，一种社会只是年复一年单纯循环操作，而没有创新增值，生产的东西正好在低水平上消费掉。那样，社会即使不增加人口，也只能维持加速度为零、即停滞状态下的历史延续。爱斯基摩人和小农社会，多少年里也没有大变化。而“发展的经济”是指“社会经济活动中，一切改变或代替惯常方式，打破原来平衡状态的内部改革”所支持的经济及其发展。这种创新经济的形象是啥样的呢？引用媒体对硅谷的描述可见其一斑：计划中的“微处理器 2011”要解决许许多多的技术瓶颈问题：“如何把 10 亿个晶体管放进一个芯片中？如何能保持软件的兼容性？新的应用软件需要哪些新的功能？……”在手指甲大的一个芯片中，装上 10 亿个晶体管的创意，此类问题爱斯基摩人及小农的“循环经济”心态、素养，是无能为力的。马克思在《不列颠的统治》一文中说：长期小农经济社会“使人类头脑局限在极小的范围内，成为迷信的驯服工具，成为传统规则的奴隶，表现不出任何伟大的历史首创精神”。现代西方的创新经济，搞了二三百年，他们已经轻车熟路。我们从小农经济转型只有几十年。为了适应、驾驭创新经济，我们必须解决如英格尔斯所说的实现“人的现代化”。英氏在研究这个问题时，调查了世界上几百个地区的经济体，认为经济现代化必须与“人的现代化”相匹配：树立不怕挑战的应战心态和历史首创精神，提高法制和科学素养。我们现在的假冒伪劣事件和有些公务人员的精神懈怠，正是转型期从业者和监管者现代化素养都不够到位的反映。我们怎样继续实现人的现代化呢？①“教育者先受教育”，对公务人员、教育工作者及媒体人员等加强“被现代化”的教育。②继承和发扬历代先贤创造中华民族优秀文化的首创精神，③在各类媒体、工厂、学校、现代农业和公共活动中有意识培育人们进取、效率、科学、创新、诚信等现代精神。在上海世博会超长时间、超大规模的公共活动中，组织者殚精竭虑地发挥首创精神、应战精神。“问题不过夜”，一件又一件事情快速解决。润物细无声，人们又在每天上百万人自觉排队过程中受到秩序与法制的教育熏陶，在参观各国场馆受到了“绿色”、“低碳”、“宜居”之类现代科学文化的洗礼等。小农时代的职业革命家，他们在哲学和人生观方面，首先完成了先进思想的武装，实现了革命化，因而头脑睿智，他们就能领导和推进当时的社会发展进程。现在新经济时代，职业政治家和实干家更须努力学习，提高在复杂的国际环境中建设社会主义的精神力量和战略素养，在全球化时代能担当起重任。在国际竞争中不断拿得出“撒手锏”而立于不败。

发展的经济倚重研发团队，循环经济则只有维持生产运转的部门，如人事科、总务科等。而创新经济“研发”两字特别响亮。如硅谷的英特尔，其“研发团队，分布在各个厂区攻关，设计工程人员同知名大学的研究室一起开发新的技术，有些小组致力于研究未来网络电脑所需的优异性能，要把软件和硬件的效率再提高数十倍，甚至数百倍。还有的小组深入探讨 1/10 微米以下的超微米工艺技术。英特尔研究室每年举办四到五次研讨会，吸收世界各地的科研翘楚共同合作。不论在技术还是管理层面，自由讨论和迎向挑战的风气蔓延在硅谷每一角落”。熊彼特指出：创新经济主要是“发展中的变革，不是蹈袭往常的循序渐进，而是独辟蹊径的冲击式跳跃。推动经济发展的唯一内部力量是创新”。现在我们可以看出，什么是创新经济最主要的特点了。那就是：一是要像硅谷人那样去解决接二连三、无穷尽出现的发展瓶颈问题。老瓶颈解决了，发展就上一新台阶。二是创新经济必然与“研发”紧密联系在一起。因为，如在石器时代，一把新发明的石刀，可以受用几万年，而无需担心出现竞争对手。现代技术则以“摩尔定律”的速度更新，所以人们在创新竞争方面必须分秒必争。这就有两种人生态度了，爱斯基摩人的循环经济是只求生存，而难求其发展。这是严酷环境的过度挑战，负熵供应不足所造成，搞发展就勉为其难了；或是小农心态：“头脑局限在极小的范围内”，“成为传统规则的奴隶，表现不出任何伟大的历史首创精神”。德国哲学家席勒指出：“人的发展可以分为三个不同的状态或阶段，不管是个人还是全人类，如果要实现自我实现的全部过程，都必须按照一定的程序经历三个阶段，人在他的物质（身体）状态里，只服从自然的力量；在他的审美状态里，他摆脱自然的力量；在他的道德状态（即理性状态）里，他控制着自然的力量。”所谓“审美状态”就是搞创新创造的状态。这就要有“应战”的拼命三郎精神，又要有诸如发明把十亿个晶体管装进一个小如指甲盖的芯片之类的科学精神和窍门。只求其存在的心态与循环经济相适应，而求发展的应战精神，则为发展的创新经济所期待。

三、“致良知”——从动物习性孑遗的闭锁中解放出来

马克思说“人类源于动物界这一事实已决定人类不能完全摆脱兽性，所以永远只能在于摆脱得多些或少些，在于兽性或人性程

度上的差异。”黑格尔也说：“人本是动物，但是纵然在他的动物性机能方面，人也不像动物那样停留在自然状态，而是意识到这些机能，学会认识它们——提升到自觉的科学。就是由于这个缘故，人才消除了他的直接的自然状态的局限。由于他自知是一个动物，他就不再是动物，而是可以自知的心灵了。”

人类创新的历史是人类意识，从动物性的闭锁中解放出来，以“致良知”并不断追求超越和卓越的奋斗史。动物为什么不能进行发明电灯等创造性活动呢？因为它们的大脑活动被局限在自己的动物性里面，而人能“致良知”，即能自觉克服“理障欲蔽”的动物性孑遗，使之有明晰的推理和前瞻想象力。柏格森说：“动物只闭锁在种族习性中……在人类也只有在人类，意识才使自己获得了自由。生命的历史，是意识意欲提升物质的奋斗史，问题乃在于如何从必然性之物质，创造出自由的器具，如何制作出超越机械性的机构，如何利用自然的决定论，穿越自然决定论所布下的罗网。”(《创造进化论》)

这里有两个问题，一是怎样把动物性的人提升到自觉的人，二是如何把自觉性不高的“小人”提升为有创造性的“大人”。

自觉的人主要特点是能“明天人之分”，能把自己同自然区分开来。列宁指出：“在人的面前是自然之网。本能的人即野蛮人，没有把自己同自然区别开来。自觉的人则区别开来了。”(《哲学笔记》)荀子说：“明天人之分，则可为至人矣。”“至人”就是自觉的人。也是指思想道德方面有修养的人，即有理性的人。伊拉斯谟说，人之所以为人，就因为人有理性。从前的人生活在森林之中，他们的所作所为没有法律作指导。仅仅受其自然的需求和欲望的支配。其群体内部绝无秩序可言。因此，与其将他们看成人，不如把他们当作野兽。从本能的人到有理性自觉的人，在于学习致良知。

还有一个问题，是如何把自觉性不高的“小人”提升为“大人”。

有人问孟子:“钧是人也,或为大人,或为小人,何也?”孟子回答:“从其大体为大人,从其小体为小人。”又说:“耳目之官不思而蔽于物,物交物,则引之而已矣。心之官则思,思则得之,不思则不得也,此天之所与我者。先立乎其大者,则其小者弗能夺也,此为大人而已矣!”大体、小体,赵岐注为“大体思礼仪,小体纵恣情欲”。徐复观说:“心在摆脱了生理欲望裹胁时,自然呈露出了‘四端’(仁义礼智)而显现明觉的活动。”据《广州日报》2011 年 11 月 22 日报道,中组部原部长张全景说:“基层干部有三成没读过毛泽东的相关文集。”“大体”没立好,往往易为“生理欲望裹胁”,而呈露为精神懈怠。古罗马的贺拉斯说:“希腊人一心一意追求城邦的荣耀,诗人才把天才和完美的表达能力,赐给他们。我们罗马人从小就长期学打算盘,学会称斤较两……既然这样利欲熏心,我们怎么能希望写出好诗歌,值得涂上松脂,放在柏木锦盒里珍藏起来呢?”希腊人有文化创造的辉煌,罗马人则不及,大体、小体?贺拉斯的隐喻十分清楚。

庄子指出,人一降生于世,便陷入各种各样“物”的奴役,终日奔波纷争,丧失了个体的独立自由。“人”一受其形,不亡以待尽。与物相仞相靡,其行尽如驰,而不能止,不亦悲乎”(《齐物论》)。从闭锁于利欲,“溺其私心于卑琐”的动物性孑遗和“小人”境界升华到“灵昭不昧”自由自觉的人,除了“立其大者”,王阳明认为人们为此还要解决好个人的励志修养问题。认为这功夫就是“致良知”。怎样致良知呢?一要“切实作戒慎恐惧省察克治之功夫”,二要在“事上磨”。实际上,光有闭目内省不够,头脑要不断充电,向外开放。致知阅读与践履——在“事上磨”,双管齐下,内省与开放互济,从而从只求存在的动物性孑遗或“小人”境界升华到能驾驭巨大现代创新力的“大人”之性。

总的看来，推动社会发展的担当者，都要经过由“本能的人”到“自觉的人”，或从“小人”到“大人”；从“小农经济的人”到在旧时代“从事革命的职业革命家”；或从“小农经济”、城市平民到担当发展现代创新经济重任的人的转变。从我国历史来看，转变的过程是：学校教育师从受教（在那里“立乎其大”者，以“明天人之分”，以增理性），加个人修养（即“修行在自身”）。个人修养在古代有两种形式：一是孟子的“养浩然之气”，另一是王阳明的“致良知”，研读圣贤书，并忧勤惕厉，省察克治，在“事上磨”。这两种个人修养都是为了修成圣贤和能肩负社会使命的文人、士人。要成为推动现代创新经济发展的合格担当者，无疑须有若干年的受教育经历和精神思想训练，尤其要经过如历代俊秀那样的个人励志修养，明代伍冲虚说：“谓炼者，即古所谓：苦行其当行之时曰炼，熟行其当行之事曰炼，绝禁其不当之时亦曰炼，精进励志而求其必成亦曰炼，割绝贪爱而不留余爱亦曰炼，禁止旧习而全不染习亦曰炼。”从而具备对巨大挑战的应战精神和气质。古人说：“欲明明德于天下者，先治其国；欲治其国者，先齐其家；欲齐其家者，先修其身；欲修其身者，先正其心；欲正其心者，先诚其意；欲诚其意者，先致其知。”（《大学》）这正是为了正心诚意，以适应治理天下国家、企业、学校，创新发展宏大事业的需要。个人励志和精神修养是极重要的。有些肩负重任的高学历者，如未经精神升华，气候一到终会露出马克思所说的“小农”尾巴。

四、不能仿效《法门寺》的贾桂，发展的根本问题在释放人之性

摩尔根《古代社会》还把人类社会史划分为从低级到高级三个

时代：蒙昧、野蛮和文明时代。也有学者划分为旧石器、新石器时代，等等。未来学家托夫勒则提出人类发展一波又一波推进的“浪潮”概念。认为1万年前，农业发明掀起了第一次浪潮，历时有几千年。250年前，工业革命带来了惊天动地的第二次浪潮，20世纪四五十年代开始的科技革命延续至今。而近几十年“地球村”进入新的太空时代、互联网时代。总之，滚滚时代浪潮展示了人类创造潜力之无穷尽。问题是如何把人的潜力解放出来，这是人类文明增长的第一要义。

毫无疑问，推动社会发展浪潮首先与当时的时势及生产条件有关，又要有与之相匹配的精神支持与鼓舞。日本学者池田大作说：“生产力的剩余和社会组织、人的愿望都是建设文明的素材，但它还不是建设文明应具备的灵魂。也就是说，即使文明的素材已经齐备，这还不够，还要有更明确的目标，即为什么建设，这一思想意识。人力资源的动员和设计者的意图都要从这个问题出发，而看准这一方向，掌握这一方向的智慧来自宗教，来自哲学。埃及金字塔之所以建成，不仅有赖于人的剩余精力、社会、经济、组织和土木建筑技术，还要有产生需要，有建如此巨大坟墓的精神源泉。这就是人们的生死观。民众劳动的积极性受到这种宗教思想的支持，才能建成金字塔。历史上的其他建筑物也一样。玛雅人、阿兹台克人、印加人的神殿和祭坛，可以说都是他们固有的宗教观和宗教热情的结晶。”汤因比说尼罗河流域与两河流域，使肥沃的土地变成可耕地，需要大规模的排水灌溉设施，人类把难以支配的自然环境改造成易于生活的人工环境，一定要有为实现这一宏伟目标而劳动的民众力量。社会的生机和协调性是从宗教信仰中产生出来的。总之，正是这种信仰或精神上的推动，才使为经济打基础的公共事业得以进行，并使经济创造剩余，这是毫无疑义的。我在这里所说的宗教，指的是对人生的态度，在这种意义上，鼓舞人们战胜人生中各种艰难的信念，也就是宗教对于有关宇宙的神秘性和人在中间发挥作用的重要性这一根本问题上，给我们所提供的精神上的满意答案，并在人类生存中给予实际的教训规诫，由此鼓舞人们去战胜人生征途上的困难。

由此我们今天的"人力资源的动员和设计者"要仰观俯察一个民族自身和环境的形势，体悟全民族生存和发展的需要及可能之所在，然后提出引领民众万众一心的奋斗目标。这里就有哲学和人生观问题。有的民族擅长用自觉的哲学结合其总体目标，而能高瞻远瞩和有较快的发展效率。有的如古埃及人和后来从北欧出发的"五月花"的人们，凭宗教人生观的热情做事，在人类历史上也有骄人的业绩。当下有些西方精英，也把他们的意识形态当作宗教来崇拜。与"五月花"的时代相比其实是此一时彼一时了。

总的来说，调动"人之性"的潜在力量，首先要提得出生存、发展的目标，旗帜高扬，否则随波逐流，情何以堪。其次要鼓不甘落后的志气。人猿分离，人要有赤手空拳从树上下地来打造人类社会的勇气和后来开发尼罗河、"两河"与黄河流域经济，发展先秦、雅典和古印度文化，要有文艺复兴的人类自我更新精神，闯荡大洋大海的冒险精神，前仆后继不懈探索的科学革命精神。以及"五月花"精神、俄国十月革命铁流精神、中国万里长征和新长征精神。第三要去除精神枷锁。保持创造的心灵自由。不能像京剧《法门寺》里的太监贾桂，请他坐下，他却说"站惯了，小人不敢"。第四要在意主动捕捉全球有关的新资讯，不断汲取负熵营养。第五因时致治，因地制宜，因材施教，辩证思维，开动思想机器，在治国，治政，治厂，治校，在科学技术，在政治经济文化艺术方面不断有独创的新东西迸发。

五、表针乱拨?

普列汉诺夫在《个人在历史上的作用》中说:"俾斯麦尝说,吾人不能创造历史,而应该等待历史自行造成。"普氏指出:"生产力决定生产关系,没有一个伟大人物,能够强迫接受已经不适合这种生产力状况的关系,或是接受还不适应于这种状况的关系。在这个意义上说,他们确实不能创造历史。所以他在这种场合移动他的表针,当然是徒劳无益的。"普列汉诺夫说:"我如果知道,社会关系因社会经济在生产过程中,发生变化而朝着什么方向变更,我就会知道社会心理将朝什么方向变更,因此我就有可能影响这个心理了。影响社会心理,也就是影响社会历史事变。因此在相当意义上说,我毕竟能够造成历史,因此我也不必等候历史去自行造成。""影响心理"就是要抓好民心所向的关节点,做好与全民族利益攸关的大事实事,并激励人心,从而影响历史进程。

要如普列汉诺夫所说"不乱拨表针"就须"知道",即审度生产力、生产关系发展状况的时与势,根据审度估量,改革生产力与生产关系之间、生产力内部、生产关系内部的不平衡,即进行体制、技术和管理改革创新,同时做好"社会心理影响"即思想政治工作,鼓劲努力,坚定意志,顺着历史发展的必然方向前进。归根到底,历史的发展生产力是决定因素,科学技术是第一生产力,人的能动的创造性是推动发展的核心。改革开放创新和"人力资源的动员和设计者"的恰当协调和正确领导,是必要的条件。这就是《中庸》所说的"尽人之性,以尽物之性"。

《费加罗报》如是说:一般认为工商业社会致富的办法是竞争,然而竞争致富的想法未必能实现。因为只讲竞争,却并不握有稳操胜券的绝招。《辞海》解释“绝招”是独特的、无人能及的本领、技艺和办法。陶朱公时代白圭经商致富的绝招是“人无我有，人弃我取”，微软公司的绝招是想象力创意。如果绝招丧失，日子就会不好过。2008 年 12 月 10 日的《费加罗报》在题为《东西方经济竞争中，未来将是品牌战》的文章说：“目前，西方已输掉了储蓄战，输掉了工业和就业战……如果还存在着我们在其中享有极大竞争优势的领域，那无疑是品牌领域，我们拥有设计和发展品牌的艺术。在这一点上，世界其他国家很嫉妒我们……在我们最宝贵的资产中，堪称王冠珍品的东西，是西方跨国公司的国际知名品牌……在品牌和知识经济领域，竞争结果至少还不确定。”

现代企业制胜的绝招，也称核心竞争力，它难以仿制、收购，存在于无形资产之中，并具有稀缺性、不可替代性、难以模仿性、获利性、持久性和对顾客提供利益。如 3M 公司提供创新文化，沃尔玛公司对多业务店铺的独特经营方法；日本索尼公司提供的利益是好携带，核心竞争力是“迷你化”；飞利浦的利益是光学器材方面精确的数据储存和分析；本田提供的利益是摩托车生产积累的工程方面的能力；摩托罗拉则以无线通信的专长，提供顾客“无远不至”的通讯，等等。

想保持核心竞争力，要看你是不是进行了不断超越自身的努力。以电子行业为例，IBM 公司“日渐式微”的一个重要原因，是在其做大做强整机业务的同时，没能对软件领域的发展和创新给予足够的重视。结果出现了微软公司。微软不仅开发了自己的视窗系统，同时不断开发基于自主系统的功能软件，一系列产品整合效应使微软的成功具有很强的不可复制性，从而使对手难以超越。然而就在微软站稳软件行业国际巨头位置时，一些公司已尝试在搜索引擎方面出奇制胜。继雅虎之后，出现了谷歌。然而在亢奋的竞争状态下，谷歌在搜索引擎领域的技术仍然有待完善。譬如其搜索所得无论在内容的精确度上，还是正确率上都还做得不够。评论家认为如果谷歌在未来几年内，无法解决上述问题，新公司可能随时会出现，并凭借突破性的核心技术跃升为互联网行业新的领袖。

六、无敌国外患者国恒亡，孟子与硅谷人同调

在人类历史发展的长河中，人的创造，有时积极，有时不积极。例如，从人类诞生迄今，伴随人类走过了 99.9%的历史时期的仅仅是手斧等几件极为简单的粗石工具。人们长期靠捕捉小动物和采集植物谋生。旧石器时代这么长，尤其是有关植物生长的知识，早在农业革命之前数千年就已为人类所知。那么，为什么要推迟如此之久才付诸实践呢？“一个原因是缺乏这样的动力。靠捉小动物为生的原始人，在正常情况下，过的不是受饥挨饿的生活。他们采取堕胎、停止哺乳和杀死新生婴儿等办法来降低自己的人口数。因而狩猎社会能在供求平衡的状态下，舒舒服服过上多少年而未生长出一种要求根本变革的动力。在正常情况下，原始人不仅有充足的食物，还有大量空闲时间。凭一些简单的石头工具，只要狩猎到足够的动物，采集到足够的植物果实，他们就不再有进一步工作的动机。在这种情况下所发生的问题，自然不再是人类为什么要长期地过渔猎采集生活，而是为什么不再过这种生活。”(《全球通史》)

如果不发生某种变化——危机来了，破坏原始社会得以安逸舒适地存在下去的平衡，那么要使农业社会发展会难以想象。这次危机，主要是地球环境的变化，即 5 万年到 1.5 万年前，更新世

末期气候的剧烈变动。最后一个冰河期的末期，破坏了人类与自然界的平衡。寒冷的冰期使地球生态改变了，人类不能再靠捉小动物为食、继续过渔猎生活了。他们开始利用已了解的动植物习性知识，进行动植物的种养，由此历史提升进入农业社会。

有外刊曾经评论，在能源和全球变暖问题面前，“能源界和汽车业许多年来一直缺乏创新精神，因为他们不曾面对真正的危机，缺乏求变的动力”。硅谷人则认为：“危机是创新的动力。”他们感叹：“把危机浪费掉太可惜了。”其实危机有两重性。孟子说：“无敌国外患者，国恒亡，然后知生于忧患，而死于安乐。”（《告子下》）这句话的前后还有“天将降大任”和“苦其心志，劳其筋骨”等语，要求人要感受环境危机的压力，并把它变成激励自己改变状况的意志和创新的内在动力。中国乒乓球队“常恨世人新意少”。50 多年来球队没有局限于一时一地得失。他们见识了许多故步自封的事例，自己不断有新技术创造出来。国际乒联说：外国选手一个比较强烈的感觉是中国球员打法太多了，而且每到重大比赛，常有一种“神秘武器”出现。徐寅生说：“中国乒协意识到，只有不断创新才能继续守住位置。”对照中国乒乓球队，可以很好理解孟子的话。

七、学习力和创新力是可持续发展的必要条件

靠“山寨”不能保持竞争力。据《每日经济新闻》2011 年 12 月 27 日报道，近 30 年来，曾被用作 MBA 案例的中国优秀企业，现在已经几乎倒了 80%。中国战略管理专家孟宪忠认为，企业衰败有规律可循——“负竞争力”令诸多中国企业步履艰难。而一味山寨不思创新，是“负竞争力”表现形式之一。孟宪忠认为，内生性、内源性发展的竞争力是企业的本质竞争力，它促进企业的可持续发

展。与此相反,通过失信、非效益、非创新谋取财富的负竞争力手段,虽可使企业一时获利,但却消耗、损害企业的本质竞争力,葬送企业前途。创新学家奥斯本曾说:“一个国家经济增长和经济实力与人民的发明创造能力和把这些发明转化为有用产品的能力密切相关。国家的最高经济利益,将主要取决于人们的创新才智,而不取决于其自然资源。”管理专家 R. 弗兰兹说:“已有的知识与未知知识的发现成正比。要真正拥有创新思维,真正使创造不断发挥作用,就要不断补充知识,丰富我们的知识储备,要再三地学习。”就是说一国一厂的可持续发展,一要持续创新,二要有再三学习这两样东西的支持。

壳牌公司的调研使人吃了一惊。美国壳牌也曾做过一个调研,意在了解全球 500 强公司各自到底能存活多久。调研结果令人一惊。这些大型公司平均寿命是 30—40 年,只有少数 20 家存活了 200 年以上。壳牌对这些“短命”与“长寿”公司的状况作了详细对比,结论是绝大多数公司都不知学习!壳牌企划主任德格指出,“唯一持久竞争优势或许是具备比你的竞争对手学习得更快的能力。”管理大师圣吉・彼得也说,这个世界变化的速度极快,因此更需要研究有哪些必要的条件,可以促进学习型组织的成长。他认为这些条件就是:超越自己、克服智障、系统思考、共同愿景和团体学习等“五项修炼”。

拿“克服智障”来说,福特公司有个突出例子,20 世纪 80 年代,福特汽车市场的份额被日本占据。当时认为主要原因是日本劳动力价格低廉。事情果真这样吗?一批福特管理人员前往日本参观丰田的工厂,参观回来讨论结果时,这些人意见惊人一致:这是一次失败的考察,日本公司太狡猾了,根本没有看到真实的日本工厂——工厂里什么也没有,干干净净。没有库存的账单,没有库存。在美国人看来，真正的汽车工厂应该到处存放着各种各样的零件，庞大而且凌乱。实际上丰田那时已开始实施精益管理，“零库存”策略是其中的重要一环。这与美国人一直固有的观念有巨大差异。对此圣吉·彼得指出：“这是由于心智模式的阻力——‘智障’造成的。”如果自己要向前超越，首先要解决这“智障”问题。

摩尔定律驱使高科技公司在创新和学习方面不敢稍有懈怠。在半导体工业发展初期，人们就发现一种称作摩尔定律的现象。该定律由英特尔公司创始人戈登·摩尔在1965年提出，是指芯片能容纳的晶体管数量，是以每一年半至两年翻一倍以上。从1965年起一次次得到证明。相信21世纪仍然有效。这就促使市场所有竞争者会以日趋快速的步伐推出新品。如果谁的发展速度低于摩尔定律的指标，无疑竞争对手一定会超越你的脚步。唯一不能变的是，你永远不能休息，否则就永远休息。盯紧自己要做的产品，不然竞争者会帮你做好，当然也会帮你把市场占据。学如逆水行舟，不进则退。摩尔定律使高科技公司产生紧迫感。

自从1995年电脑成熟之后，互联网上几乎每天都有新的产品诞生的信息，这种快速变化的状况，促使人们不停地学习。如英特尔公司为此开办英特尔大学，学员对象是每个员工，每期一周，大多由部门或高层经理担任讲师，这可促使他们先行努力学习。身处快速成长的技术领域，英特尔决策层认为：“我们不停地学习而趋完美。我们鼓励人们学习他人的知识，不论是取法于客户还是竞争对手，不论是成功或失败，我们学习之心永不停止。”摩尔定律催人奋进，在千帆竞发的创新竞争中，人们探索到“学习”这个使创新永续的秘籍。

第二章

创 新 机 理

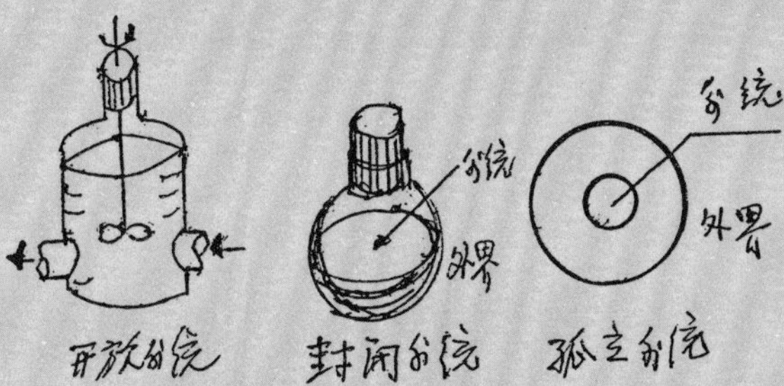

生物界和人类社会总体上都是从原始、简单、低级的形态，发展到复杂、高级形态的。这样的发展过程也就是有序化过程。

胡适说，天地之间，本有两种原力：一是阳，一是阴。两原力相互作用，而生变化。

那么在诸如生物进化、人类社会发展等过程中，推动有序化的阳与阴原力互动的具体展现又是怎样的呢？这就是外界环境变化的阴与事物内部创新的阳相互作用问题。下面看一看，在阴阳互动中，无序如何变成有序。

一、无序有增不已

如图 2－1 所示，在一杯清水中，加进一滴蓝墨水，蓝墨水微粒会渐渐散开，直至均匀分布到整个水体中，这种现象就是无序化。蓝色颗粒总是自发和水分子混杂在一起，而不会自动聚集到水体的某一角落，或朝同一方向运动。在炎热的夏天，池塘中的水只能

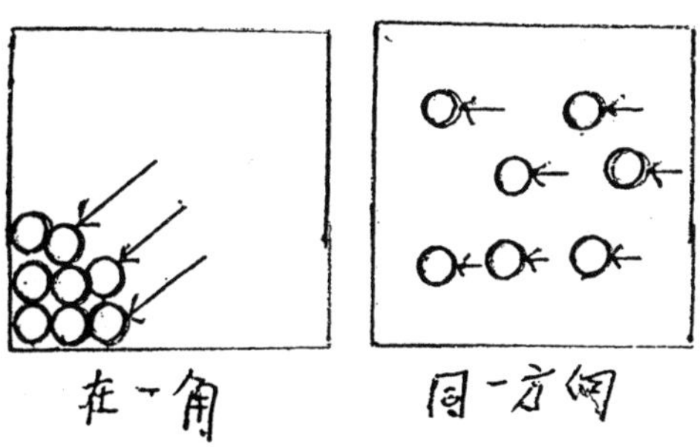

图 2－1　不可能发生的分子运动情况

自发蒸腾成无序的水汽，而不会在炎夏里自发结成比较有序的冰。所有这些自发变化的过程，只会朝着一个可能的方向进行，即无序有增不已的方向，相反的过程不可能出现。这样的过程叫做不可逆过程。生米煮成熟饭也是不可逆过程。以上情况符合 1864 年克劳修斯所描述的热力学第二定律。

1. 什么是无序

无序的概念与日常生活中人们所熟悉的“杂乱无章”有些类似。说一个小孩子的房间杂乱无章，那是因为各种东西没有放在应有的位置。如他的算术课本随便扔在墙角里，或者窗台上，椅子上，床上，地板上，以及任何别的地方。放这放那，他的书本放在什么位置的可能性多得很。如图 2-2 所示，有位画家在一幅表现有序与无序的科普画中，把无序画成所有东西横七竖八像在垃圾箱里。反之，房间收拾好，有条不紊，就呈有序状态了。

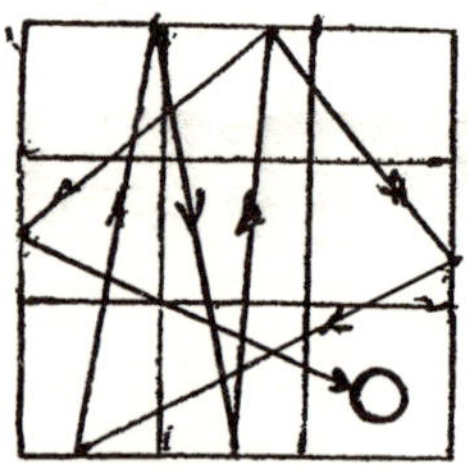

图 2-2
杂乱无章的热运动

2. 无序的量度：熵

上述小孩书本的例子中，无序是用物体（如一本书）所在位置有很多可能性来说明的。可能性越多，混乱程度即无序度越大。如果撇开一本书之类具体事物不谈，而只取抽象的“可能性”的多少来说明问题的话，那么大量、不同的各种可能性，可以作为无序程度的量度。1872 年，德国物理学家玻尔兹曼指出，自然界总是力图实现可能性数目最大的那些状态。物理学家用“熵(S)”的概念来表示混乱的程度，即可能性的数目。具体是用可能性数目的位数，更精确地说是这个数的对数表示。一个系统中内部粒子的运动越混乱，熵便越大。也就是说，熵的本质是表示一个系统的混乱程度。熵增加或减少，无序度(混乱度)随之增大或减少，所以说，熵也可用来量度有序与无序的程度。玻尔兹曼所说的自然界总是力图实现可能性、混乱度最大，就是无序有增不已，熵值趋向最大的状态。自然界这种无序有增不已的趋势，使能量不断地"贬值"，成为不能作功的"废能"。这时熵可作为这种能量贬值的量度。从而有些物理学家根据能量贬值，无序有增不已的情况作出结论：世界自发趋向一个最为无序的状态，所有有序的状态都将瓦解，世界将处于永恒的热寂(见图 2-3)。

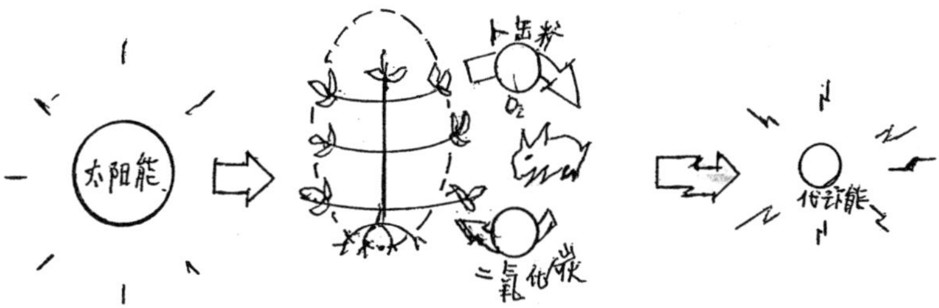

图 2-3 新陈代谢能量转换

3. 封闭系统与开放系统

上面所述"热寂说"，适用于孤立的封闭系统。而对开放系统的研究表明，"热寂"的结论是存在问题的。例如，生物界自寒武纪起，最简单的单细胞生物是自发朝着包括最复杂的人类在内的多细胞生物的方向进化的，即生命系统有一个向着有序程度逐渐递增的方向发展的趋势。显然生物系统是一个与外界环境有物质、能量、信息交换的开放系统(见图 2-4)。

4. 负熵的概念

一个开放的系统，如生物体，在与外界进行物质、能量、信息交换时，它自身的混乱度——熵会随之变动，即有一个"熵$_{变动}$"(系统

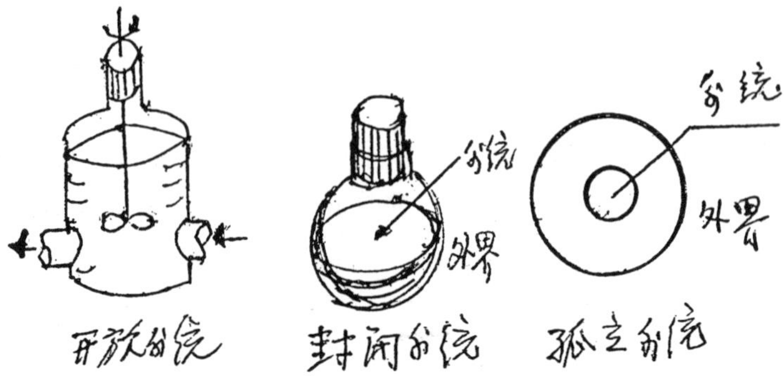

图 2-4 三种系统

总体的混乱度增加或减少），这个变动的大小，与以下两部分有关：一部分是外界交换过来的熵，即“熵$_{流}$”，另一部分来自生物体内部的化学反应等不可逆过程所产生的“废能”。称为“熵$_{产生}$”，这个“熵$_{产生}$”恒为正值，表示体内能量的不断贬值，系统的混乱程度增加。根据上述情况有以下代数式：

$$熵_{变动} = 熵_{产生} + 熵_{流}$$

上式中“熵$_{产生}$”（系统所产生的混乱度）总是大于或等于零。这符合无序有增不已的热力学第二定律。而生物体若是健康生存和发展进化着，即趋向于有序状态，那么整个系统的“熵$_{变动}$”应该趋于减少，或其值不变，由于“熵$_{产生}$”总是大于或等于零，由上式可知，只有当“熵$_{流}$”（输入的混乱度）小于或等于零时，才能达到这一要求（见图 2-5）。小于零的熵，亦称“负熵”，即秩序。就是说使外界“负熵流”变大，系统的“熵$_{变动}$”（混乱度）控制在零以下，那么这个系统就活了，有秩序了。从而保证生物体的生存和种群的发展。反之，如把生物体孤立封闭起来，不给它吃、喝、呼吸，不与外界发生联系，“负熵$_{流}$”没有来源，系统内正熵的产生越来越多，系统就越趋向混乱，终致死亡。宇宙飞船是一个只有信息联系的封闭的系统。它载着宇航员和食料、水、空气；飞船里的宇航员则是一个开放系统，他产生排泄物和废能：熵，吃进带营养物质和能量的负熵。

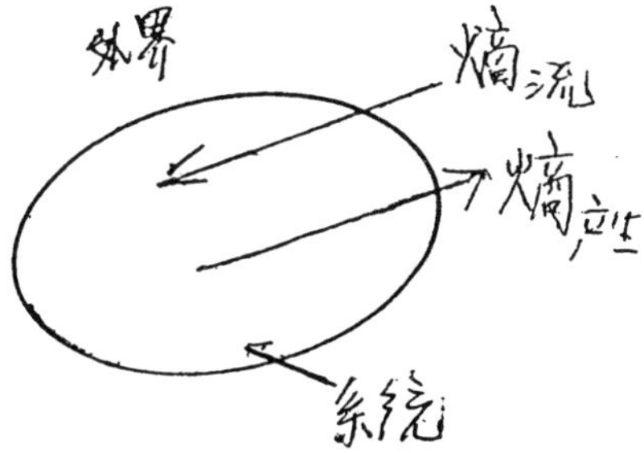

图 2-5　系统与熵变动

二、有序性和自组织

生命应该是有序趋势。有些无生命的化学、物理过程，在一定条件下也可能出现有序化的现象。科学工作者对此进行研究，提出了“自组织”概念，并用以分析产生有序性的条件。现代教科书的编著者用“物理学家”和“生物学家”看生命的不同视角相比较，引导学生了解不大熟悉的“负熵”和“自组织”等概念。

1. 生物学家看生命

生命现象的显著特征是复杂性和组织性。例如：一个细菌，虽然只是简单的单细胞动物，却显示出任何人工制品都无法可比的复杂和精巧。体内的情景像是一座井然有序的大城市。其所以如此，源自自然选择、变异创新，是生物长期进化的结果。

2. 物理学家看生命

(1) 生物依赖负熵为生。1943 年量子力学创始人薛定锷提出了著名论点：“生命依赖负熵为生。”指出，生命之所以能生存，就在于从环境不断得到负熵，或者吃进了秩序。他在《什么是生命》的演讲中说：“自然界正在进行的每一件事，都意味着它在其中进行的那部分世界的熵的增加……并趋于接近最大值的熵的危险状态，那就是死亡。要摆脱死亡，就是说要活着，唯一办法，就是从环境中不断吸取负熵……生命有机体靠吃喝、呼吸及(植物是)同化……新陈代谢中本质的东西，乃是有机体成功地清除了，当它自身活着的时候，不得不产生的全部的熵。”归根到底，负熵来源是太阳，由此可估计地球上能养活的人口应有一个上限。

(2) 生物具有自组织性。20 世纪六七十年代，比利时科学家普利高津进一步指出：生物体是一个开放的“高度复杂宏观有序的自组织系统”。这样的系统被称为“耗散结构”(为了维持系统有序，必须不断从外界输入负熵，来补充不断耗散着能量的那种结构)。这种系统，当满足一定条件——吸收到一定负熵资源时，系统可能从原有的混乱状态转变为一种时间上或空间上、功能上有序的自组织状态。生命进化、种群建立、个体教育等现象都有自组织过程参与。

3. 自组织现象

如图 2-6 所示，为了建立自组织概念，先了解一下容器中液

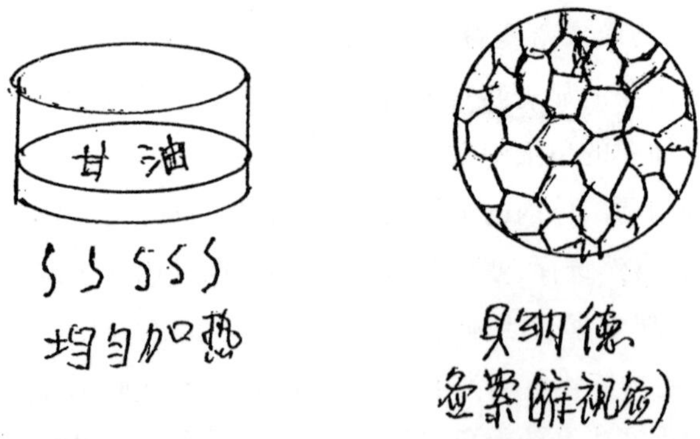

溶液均匀吸收外界加热负熵

圆形平底容器中的贝纳德图案(俯视图)

图 2-6 贝纳德现象

体有序结构图案形成过程的实验。1900 年法国科学家贝纳德发现,在圆形平底玻璃容器中放一层薄液体(如甘油),此时液层中并无任何宏观运动,只是无数分子作混乱的无规则微观热运动,若从外界吸收热量,如在容器底部均匀加热。当液层上下温度不同,且温差达到一定临界值时,液体突然出现一种极有规则、呈六角形蜂窝状的对流图案。如保持上下液层一定的温度梯度不变,有序图案能维持下去。

自组织同环游的比喻。德国人哈肯在《协同学》中有个比喻:设想一个游泳池,游泳者各自随便从泳池四周任意一个落脚处,游向任意另一处。夏天高温时节,池中人满为患。如果游泳者照此横七竖八乱游,则相互妨害。因而某个救生员建议,让游泳者环绕泳池环游,这样相互妨害会大大减少。这是在救生员引导下游泳者所进行的一种集体运动。其实,即使没有救生员的指导,游泳者"自己"也可能会想到这种环游方式。开始时可能只有几个人,但当大家觉得这种游法对他们很便利时,越来越多的人将会参加进来。于是最终在没有救生员指导的情况下,出现一种集体运动,也就是"自组织"运动(见图 2-7)。

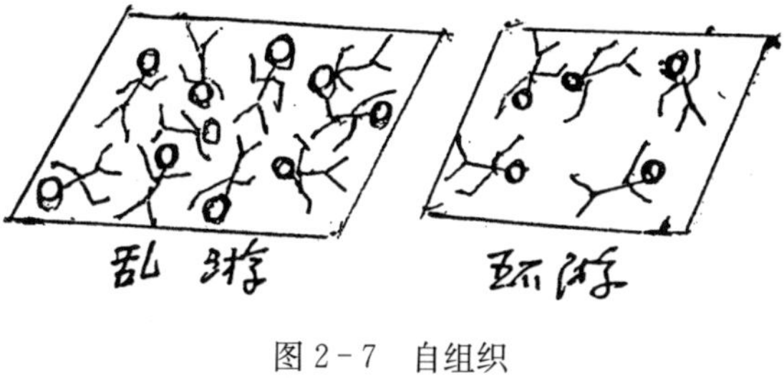

图 2-7　自组织

4. 异乎寻常的变异创新,是自组织发生的内部机理和有序之源

自组织是一个系统从外界环境中引进负熵,从而使自身处于

有序过程的现象。那么贝纳德实验中的液体、微观世界混乱的分子运动在什么条件下会协调起来,形成有序的贝纳尔德结构呢?

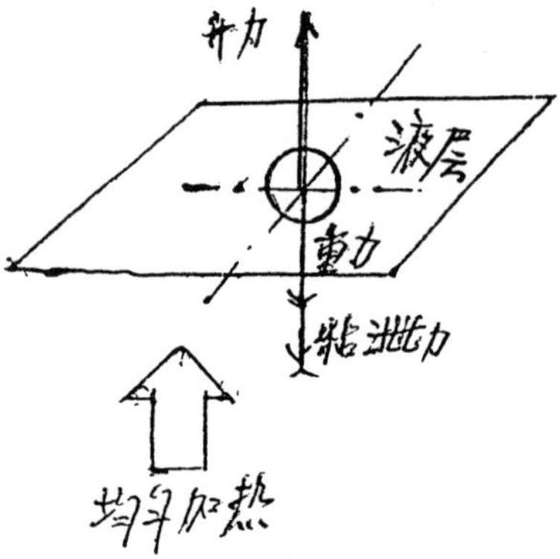

图 2-8　液滴的平衡或扰动示意图

如图 2-8 所示,英国物理学家瑞利最早解释了贝纳德现象,他认为:原来均匀稳定的液体中,处于同一水平层内的任何一个小液滴谁上谁下,都没有宏观运动的优先权。当容器内液体吸热,液滴膨胀产生升力,并与向下的重力和黏滞摩擦力协同作用,而触发或上或下的对流。就是说当液层内影响液滴平衡的主要因素发生涨落起伏(扰动),液滴偏离平衡,此时液滴会做什么运动呢?液滴将上浮或下沉!不断试探各种可能的运动方式,要点是围绕着如何更有利向上输送热量。研究指出,各种可能的运动方式之间进行竞争,其中会有一种特别有利于输送热的上升(好比泳池内环游特别有利于游泳活动的进行),于是这种方式越来越强。越来越多的液滴协同一致卷入这种运动。贝纳德(六角形)现象正是自组织运动的结果。

一般说来,自组织是一个系统,从环境(阴),引进能量(负熵),又有内部发生涨落调节(阳),两者互动而使系统自身结构变成有序的现象。

所谓涨落,原是热力学概念。“涨落是物质系统处于热力学平衡时,作为统计平均值的宏观物理量,如能量、压强、分子数密度,在其平均值附近有微小的变化”。我们如把“统计平均值”叫做“寻常”、“惯常”的话,那么“涨落”也就是“异乎寻常”。上述环游的发起者和液层中最有利于输送热的上升的某液点的运动方式，都具有与环境发展趋势的要求有相容性的特点，即使泳客游得更舒畅，或期望使容器中液体整体更好升温的要求因而受到青睐。“发起者”或“某液点”“异乎寻常”的举措就是“涨落”，就是内部变异创新。拿生物界来说，某个物种每一个个体的特征，如构造、习性等，都有一个大体的“平均水平”——寻常水平，其中偏离平均水平异乎寻常的是极少数。如后面所讲，英国有一品种的蛾子，工业革命前都是灰色的，这是平均大体而言。偶尔也出现个别“异乎寻常”的黑色，这种涨落变异，在环境遭污染变黑时起到了保护这个蛾子品种死里逃生的作用。

5. 有序产生的条件

如图 2－9 所示，第一，只有系统开放，能从环境中汲取到负熵，才可能产生有序运动——使这个系统产生自组织而“活”起来。而有生机的有序生命运动，须依靠与外界进行物质、能量和信息的交换，吸取负熵流，才能维持。一个人的成长也是如此。要是缺少摄食含有负熵的动、植物养料他就活不了，要是缺少具有负熵信息意义的文化教育环境，他将是一个没有人类正常意识的人形动物(如狼孩)。

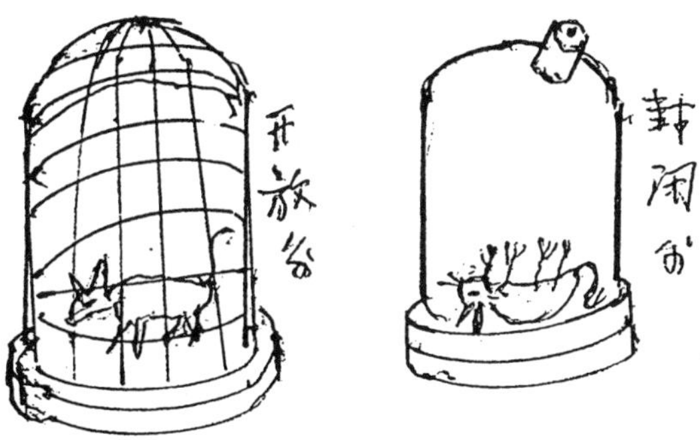

图 2－9 有序的条件

还应当指出系统开放还只是系统走向有序的必要条件，而不是充分条件。因为如果从外界吸收的是正熵（如儿童受不良信息的污染），而不是负熵流，那只能加速系统走向无序退化的进程。

第二，系统内部要有变异创新。当环境——“阴”发生变化，有机体就要有阳——相应的“异乎寻常”的变异创新，来应对环境的挑战。否则有机体就有可能被淘汰。反之，创新力战胜环境挑战，有机体就会向更有序的高级方向发展。

第三章

生物创新及其对人类创新的启示

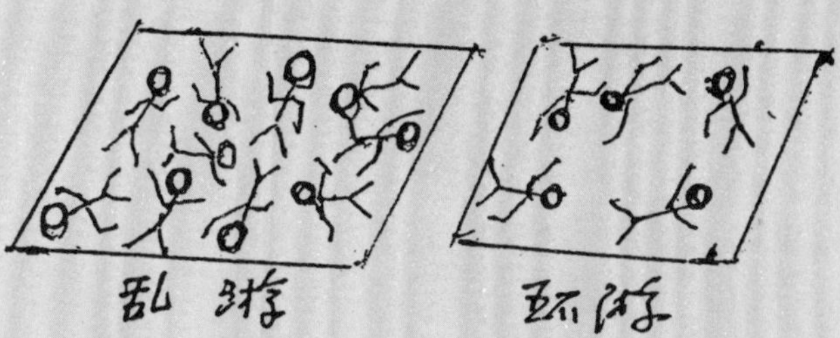

生物的生存与发展，也是阴阳相互作用——外界环境的“阴”与生物变异创新的“阳”互动的结果。了解这种互动会有助于对人类创新有关问题的认识。

一、生物在时间发展中的与时俱进创新生物变异创新的概念

生物是居住在环境里的。环境变化，小则如天气变冷变热，大则如无氧与富氧，地球冰期，造山运动，大陆板块碰撞，沧海桑田，水陆变迁，火山爆发，洪水滔天，等等。水火煎熬环境的挑战来临，生物怎么办呢？除了自己的肉身，它别无长物，但生物并不等死。恩斯特·迈尔指出：生物应对挑战的办法是“创造新特性”，“适应是生存的特征，这可能是一种结构，一种生理特性，一种行为或其他特性的适应，拥有这种特性会有利于生物在生存竞争中取胜”。如图 3－1 所示，狗并不出汗，但它创造了酷暑天气排热的方法：

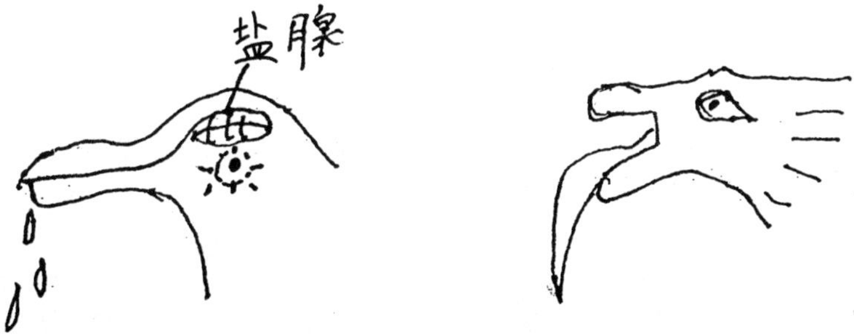

图 3－1　海鸟和狗为了适应环境创造的新特性

伸出舌头，排除多余的体热，降低体温；一些生活在海洋里的鸟类、爬行类动物每天都会随食物吃进过量的盐，怎样处理掉呢？以海鸥为例，创造了在其头部长一个叫盐腺的特殊构造，能把多余盐分集中起来，送入鼻腔的盐液从鼻孔中流到喙，从喙尖滴下，排出体外，这就是生物的变异创新的一种情景。

环境对生物的挑战，达尔文称为“自然选择”，自然选择时时刻刻在整个世界上检查着每一个直至最微小的变异。“抛弃不利的、保留并积存有利的变异。不论何时何地，只要有机会，它都无声无息地工作着，与有机无机的生存条件相联系，来改善每个生物体”（《物种原始》）。这就是适者生存，不适者淘汰！严酷的自然规律，逼迫着生物界用大量的变异创新招数来应对生存居所环境的变化，并由此推动了生物界的进化发展。

地球从童山秃岭的原始环境，到今天绿水青山的巨变，地球上的生物，也从原始阿米巴变形虫，发展到今天的现代人类。这是生物与时俱进的表现。与“时”——同环境一起发展变化。生物为什么要与时俱进呢？主要是负熵供应者——地球环境的变化永不停息，生物为了生存发展，就必须不断地改善自己身上汲取负熵的装置与习性，使之与环境供应负熵的状况相适应。与时俱进，环境逼迫，不得不如此。好比石油短缺，就逼人发明利用风能，生物能，等等。

二、山崩地裂、绵延不绝的生物居处——地球的演化

随着宇宙演化，氢、氦、氮等气体星云聚集而成地球。地球是太阳系九大行星之一。初期的地球处于熔融状态。一般认为，在距今 40 亿年前，它已演变成现代地球质量相近了。并逐渐形成岩

石。此时的地球已成为由地核、地幔、地壳和气圈组成的星球。经过一段时期散热，地表温度逐渐冷却至100℃，气圈中出现水，继续冷却，液体水增多，水液汇流低地，原始海洋出现了。随着火山爆发，岩浆奔流，雷电交加，风雨侵袭，机械搬动，水流携带，可溶于水的无机成分汇集在原始海洋里。古海洋为生命诞生准备了原始"营养汤"，并成为原始生命的摇篮。

地球形成后，经历了剧烈的地壳运动："百川沸腾，高岸为谷，深谷为陵。"地质学指出，地球上任何一种地貌的构造形态，都是地壳运动所致。地球史上比较著名的地壳运动有：① 吕梁运动，发生在震旦纪和前震旦纪末之间的褶皱运动。因在我国山西吕梁山一带表现显著而得名。② 加里东运动，发生在古生代早期的地壳运动总称，由英国一山得名。西北欧的斯堪的纳维亚山系，以及西伯利亚的萨彦岭都是这次运动所形成的褶皱山系。我国祁连山南秦岭都受到加里东运动影响。加里东运动引起了地球上水陆分布的巨大变化。③ 华力西运动，发生在古生代晚期的地壳运动总称，这个名称出自阿尔卑斯山脉中的华力西山。我国的天山、阿尔泰山、俄罗斯的乌拉尔山、北美的阿巴拉契山脉都是这次运动所形成。④ 燕山运动，发生在侏罗纪晚期和白垩纪的地壳运动，在我国燕山一带表现最为显著。⑤ 喜马拉雅运动，发生在新生代的地层褶皱运动，西起地中海，经高加索、喜马拉雅山和缅甸西部直到印度尼西亚。又有堪察加半岛、日本经我国东海以迄菲律宾一带，都受到这次运动的影响，喜马拉雅运动是地质构造中最新的褶皱带，直到今天活动性仍很强烈。

冰期与地壳运动有关。从全球性地质构造活动看，地壳运动造成了高大山脉，扩大了陆地面积，同时发生海退。高山上的空间，大气比较稀薄，较缺热量和水蒸气，热量从那里散失，引起地表降温,温度较低成为严寒期——冰期。两个冰期之间称为间冰期,较温暖。地球发展过程以温暖气候为主占 9/10,气候史上,已发现三个严寒期,即三次大冰期。这三大冰期正好是生物进化与人类进化的重要时期。原始生物在震旦纪化石中就有发现,经历了三大冰期与间冰期更长的温暖期而进化至今,成为繁茂众多的生物世界。

地球上不知发生过多少大变化,水陆分布的变化、造山运动、冰川运动、森林和草原的进进退退。弱小的生命,在原始海洋里起源,经过地壳运动千变万化的折腾,没有全部灭绝,而是顽强发展,越来越繁盛,并趋向更复杂、高级,原因是生物能够与时俱进,不断创新而适应环境。生命的进化发展,归根到底取决于两件事:一是环境变化所提供的机会——有可能吃到新的形式的负熵;二是能够利用这机会的生物创新。换句话说,一是存在生存压力——环境挑战;二是生物有应对挑战的创新本领。

三、生物界十大创新

1. 四个时代

科克斯·莫尔说"生物进化"是克服两个阻限——"物理条件所强加的阻限和生物生活于其中的动植物的生物界引起的阻限"(《生物地理学》)。生物界不知疲倦地进行着克服阻限的无穷变异创新,但只有那些与环境发展根本规律大趋势有相容性的创新存在下来,不相容者则被抛弃。一部波澜壮阔的生物进化史就是创新与环境阻限阳与阴相搏的动态过程。我国生物学家陈世骧认为,随着地球环境的发展变化,生物界经历了从生命起源到人类出现的四个时代、十大成功的创新。

(1) 水生原核时代。从生命起源到真核细胞出现，30 亿年前到 17.8 亿年前止，约有 10 多亿年。这个时期有四个成功创新：生命起源，细胞起源，光合作用和有氧呼吸起源。

(2) 水生真核时代。从原始海洋里真核细胞的出现到生物上陆，即从 17.8 亿年前到 4 亿多年前的 10 多亿年。这一时期也有四大创新：真核细胞的起源，有性生殖的产生，动、植、菌生态系统形成和多细胞机能的发展。

(3) 陆地发展时代。生物从上陆到人类出现，有 4 亿多年。陆地发展是生物史上又一大创新，它改变了地球童山荒漠的整个面貌，产生了繁花似锦的现代动植物区分。

(4) 人类时代。人类显著影响创新进化，当从饲养动物和栽培植物开始(即开始改造生物)。这事发生在 1 万年以前。从此，进化将在人类干预下进行。

2. 生命创生，自组织和选择的掺和；无机变有机，有机变生命

俄国生物学家奥巴林和英国科学家霍尔丹推测：原始大气不像现在有丰富的氧气而是无氧的。由于火山爆发，原始地球表面充满了甲烷、嘌呤之类的小分子。在当时条件下，既无氧气的氧化也无微生物的降解。这些生物小分子能积累起来在外界能量的作用下互相反应，逐渐形成了蛋白质、核酸一类生物大分子。而且越聚越多，彼此间也发生反应，有的还能发生新陈代谢反应，那些有此能力的，要比其他分子更能占有空间和资源。如果在分子聚集中它们又获得了种瓜得瓜，种豆得豆的自我复制能力，就形成了简单的生命——细胞。如图 3-2 所示，考夫曼直截了当地认为，生命形成阶段“不用把什么事情都交给自然选择，一窝子分子相互作用终能形成生命”。认为生命创生阶段的进化是“自组织与选择的掺和”作用。最初的生物构造简单，它们是厌氧的异养者，因所居

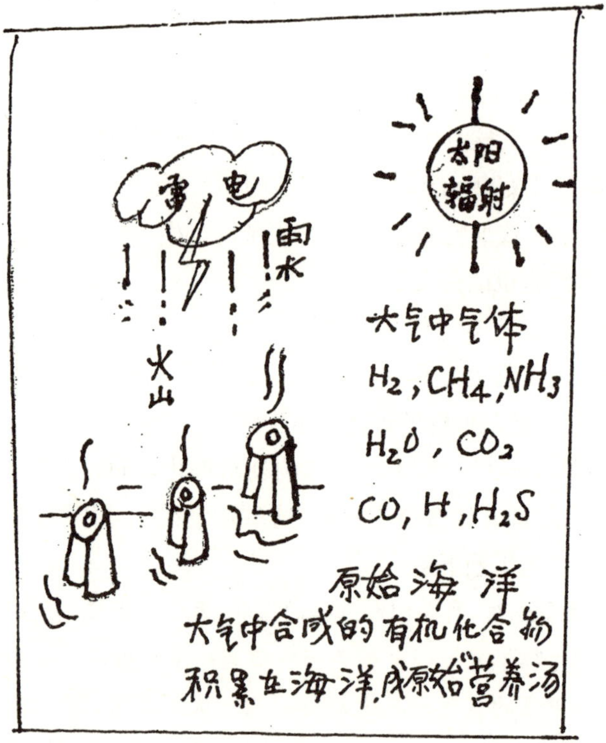

图 3-2　地球上生命诞生之初物理化学大背景

住的原始海洋的“原始汤”中有丰富的有机物,就以之为食。

3. 光合作用,免费午餐吃光了,自找出路搞光能

如图 3-3 所示“免费的午餐”迟早要吃完,高能有机物被消耗尽之后,生命会有灭绝的可能。而德威特说:“当细胞不能从环境获得营养物形成的能量时,就必须改变代谢方式。细胞在其生存斗争中经常作出这种类型的调节。”生物界大约在 25 亿年前,某些细胞创新进化出了光合作用能力,能够利用太阳能把二氧化碳和水合成高能量碳水化合物,并释放出氧气。

← 化学进化 →						← 生物进化 →				
简单的气体	→	简单的有机小分子	→	复杂的有机大分子	→	生命大分子聚集体	→	细胞	→	多细胞有机体

无组织化 → 高度组织化

图 3-3 化学和生物进化图解示意

$$CO_2+H_2O \overset{\text{日光}}{\underset{\text{叶绿素}}{=\!=\!=\!=}} (CH_2O)+O_2\uparrow$$

从此这种高能养料就被源源不断地制造出来，取之不尽，用之不竭，解决了新的环境条件下“食”的问题。这些生物也就从环境中有机分子供养的异养者，创新变异成为以自身进行光合作用为生存方式的自养者。生物学家说：从阳光中获取能量，几乎再没有哪项创新给生命造成的影响可与光合作用相比拟。如果没有光合作用，大气中将几乎没有氧气，植物或动物也不会存在——只有微生物在矿物质和二氧化碳组成的“原始汤”里勉强生存。光合作用，帮助生命摆脱了“原始汤”的束缚。产生的氧气也为复杂生命形式的出现搭了个舞台。光合作用是过去数十亿年里意义最重大的历史事件之一。它是支撑地球几乎所有复杂生命的基础。学会利用光能之后，便有了无尽的能量来源。

4. 有氧呼吸。氧气来了，怎样拯救厌氧者？

大约 20 亿年前，大气层中的氧气，从最初占 1/10 000 增加到占 2%，结果导致大量厌氧生物灭绝。光合作用给进化开辟了新途径，却又带来了新威胁，怎么解决这个矛盾？幸好从无氧到有氧，是一个缓慢过程。生物来得及通过变异创新进行调整适应。与此相关的生物变异，是在有些生物中出现了又一次巨大创新——有氧呼吸。经受有氧考验的幸存者，最后变成喜氧的新的生命形式。其中能高效利用能量的好氧原核生物（好气微生物），从此登上生物进化的历史舞台。有氧呼吸大大提高了新陈代谢效能，为生命进一步发展提供了极有利条件。

5. 真核比原核利用负熵的本领更大

最早的单细胞生物，是原核生物（细菌），其化石在 35 亿年前地层中被发现。这以后的 20 亿年，地球生命，只有原核生物组成。

大约在 10 亿年前含有细胞核的真核生物出现，这是生物进化的重大突破，划时代的创新，并由此推动生物系统的三大发展：① 有性生殖出现——变异创新重要机制的发展。② 是动、植物分化三极（动、植、菌）生态系统形成。③ 是多细胞胚层体产生——生物个体复杂化。从原核到真核，给生物类型多样化、复杂化打下了基础。

为什么真核细胞被进化所选择呢？因为真核生物可以利用原核生物所无法利用的日光、氧等环境资源，汲取负熵的本领比原核生物更大。如图 3－4 所示真核细胞比原核细胞至少在两个方面

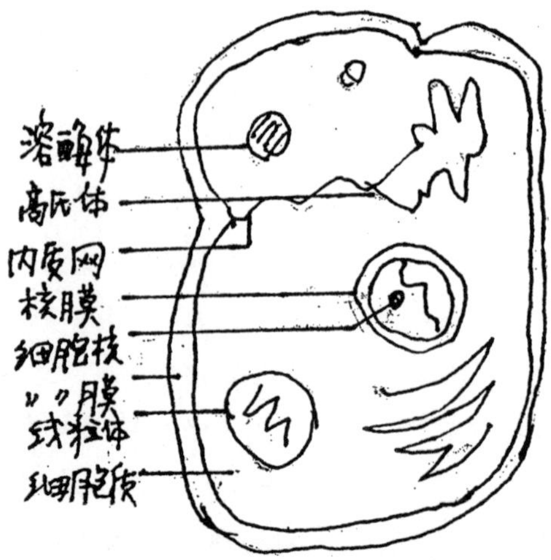

图 3－4　真核细胞模式图

显示巨大进展。一是细胞结构更复杂，除膜之外，有储存遗传信息的真正的核。膜与核之间的细胞质内，还分布着各种细胞器，如产生 ATP 的“细胞能量供应站”的细粒体。含有叶绿素和酶，能进行光合作用、产生淀粉和脂肪类物质的叫叶绿体，合成、积累和传输蛋白质、酶和多糖的高尔基体，以及内质网等。总之，真核生物比原核生物的生存力增强了。

6. 如何提高被自然界选择“选中”的“中奖率”：从无性到有性

采用无性生殖的有机体，它们的基因，能百分之百地传下去。至今还有几千种动植物，用无性生殖。那么现今百万多物种为什么绝大多数采用有性生殖？无性到有性在进化上有什么好处呢？有性生殖带来了基因重组，带来了无穷无尽的变异。“东方不亮西方亮”，丰富的变异更有能力接受生存挑战。而无性生殖，母与子一模一样，一成不变，物种发展总是原地踏步，就容易被敌害控制，导致灭绝。这就像费歇尔所说的抽奖比喻；单性生殖只是买了一张彩票，然后把它复印了许多次，复印得再多，也不能增加中奖率。而有性生殖却是买了许多不同号码的彩票，显然有更多中奖的概率——被改变着的环境所选择。苏联科学家伏尔更斯坦指出：“由于有性繁殖的结果，在每个新个体出现时产生了新的信息。有性繁殖产生极广泛突变为进化提供了无数的素材。”如果把生命 30 多亿年历史，按无性、有性分为两期，则这历史的前期，近 20 亿年是无性生殖的历史，只是克隆、拷贝，生命长久停留在单细胞阶段进化缓慢。直到近 10 亿年，有性生殖出现，进化才加速，生物物种变得丰富多彩。一位生物学家说：“鸟类如是，蜜蜂如是——对大多数的物种来说，有性繁殖是唯一的选择，性别演绎了地球上最壮丽的奇观：园丁鸟的求偶、舞蹈，牡鹿的角乃至诗歌、音乐和艺术。性别甚至负责延续生命本身。放弃性别的物种往往在数百代之后灭绝。"

7. 动植物分化,有机食物供应紧张了,就从改进摄食方式找出路

由于原始生物不断增多,现成的有机食物不断减少,这种情况下一些新招被创造出来。有些原始生物从摄食方式上寻找解决"粮荒"的出路,从而出现了摄食方法的分化。一种方式是向加强运动的器官和运动的机能的方向发展,使自己能游走四方,从而在争夺有机食物的过程中处于有利地位。另一是加强经营光合作用的器官和机能的方向发展,使自己可以不依赖现成的有机食物就能生存。前一种是向着异养的方向发展,体内色素消失,转化成动物一支。后一种向自养方式发展,运动机能衰退,转化成植物一支。动植物分化,动、植、菌一个新的三极系统形成了。

动植分化后,它们齐头并进。植物"自养养人",它是自然界的生产者,叶绿素合成蛋白质供养一切生物。细菌是自然界的分解者,大气内90%以上的二氧化碳是由细菌的活动产生,并促成其他物质,如氮、硫、磷等在生态中的循环。动物是自然界的消费者,但没有动物,生物界不可能像目前这样丰富多彩,而会长期停留在进化的低水平上。例如没有昆虫,地球上不会有艳花植物,没有动物感觉神经系统的逐步发展,人类也不可能出现。生物进化,三极系统的出现,功不可没。

8. 寒武纪生物大爆发的条件:多细胞生物的出现

单细胞生物是在同一个细胞之内,发生维持生命所必需的一切活动,包括摄食、排泄、交换物质、调节水分、运动、生殖,等等。而在多细胞生物内,上述各种生命活动分别由不同功能的各个细胞分工担任。现今地球上的生物,大部分是多细胞的。多细胞使生物大型化,体制也复杂起来,比单细胞更能利用环境中的负熵。

多细胞生物是在 6 亿年前的寒武纪开始出现的。从化石记录知道,多细胞生物出现以后的寒武纪时代,生物进化速度加快,发生了寒武纪生物大爆发。斯图亚特·霍夫曼指出,多细胞结构的出现,使生物发展成为各种各样复杂的体制有了物质基础。随着多细胞的出现,一幅壮丽的进化图卷开始展现出来。有学者形容说：好似地狱之门豁然大开,妖魔鬼怪纷纷出笼,进化的创意突然迸发,如今所有门类的生物：天上飞的、水中游的、地上走的、地底爬的,挤挤挨挨地出现于地球的每一个角落,每一道缝隙。天涯海角,无处不有。似乎一下子创生出来,就缺了人类直系祖先脊柱动物,那要等到晚些时候的奥陶纪才出现。霍夫曼还说：当时多细胞生物欣欣然去尝试每一种可能的进化方向。那种率性大胆的探索有如一出狂热的舞蹈,许多物种好像因着林奈分类系统而生的。在一场规模巨大的探索实验中,各种生物形态迅速出现,并进一步演化变异,主要的变异构成了基本门。随着自然选择的精细加工,又出现了下层的分类：纲、目、科和属等。其后,最初的爆发之后,"狂欢"过去,生命逐步趋于固定的样式,剩下的大约有 30 个门,如脊椎动物、节肢动物,等等,这些物种成了今天生物王国的主宰。

霍夫曼指出：人类创新的情景可与此相比。在技术进步中,是那些发明家做出最基本的创新。后来的补锅匠,利用基本的创新,探索它们所带来的发展的无穷的可能性,做出多种多样的小改进,这些改进也是欣欣然而作的。而且盛宴狂欢之后,人们也都静下心来,对少数几种主要的设计进行更精细的加工,这些设计将主宰一段时期内的技术进步框架,直到这种技术趋于消亡。如今,没有人去制造罗马城的攻城器了,榴弹炮和近程导弹使这些器械不再需要。

9. 地球水陆分布大变样，逼着水里生物登陆

从寒武纪经奥陶纪到志留纪，地表平静，地壳起伏不大，浅海广布。这个时期是水生低等动植物发展的时期。从志留纪到泥盆纪，发生过一次强烈的地壳运动——加里东造山运动，引起了地球上水陆分布巨大变化。古生代前期，海洋面积较大，现在北半球海面大大缩小，大片陆地露出海面。陆地边缘出现大片水陆交错低洼浅滩。内陆和山区，出现江河湖泊。地球水陆变迁，同时造成气候变化，必然对水中生物产生巨大影响。环境逼着水里生物登陆。志留纪晚期，先是植物上陆，像绿藻进化成裸蕨和苔藓。植物上陆为动物上陆创造了条件。泥盆纪水生的节肢动物三叶虫和其他一些无脊椎动物，也开始上陆，并发展成今天最庞大的生物类群昆虫和其他陆生低等动物。另一方面，水生脊椎动物鱼类也开始上陆，发展成两栖类。

动物上陆有了大展宏图的天地。地球诞生后，开头十几亿年，过的是没有有机生命的寂寞生活。自从有了生命，又过了二三十亿年，虽然海洋和其他水域里，已繁育着低等植物和低等动物。绿红褐藻绚丽多彩，鱼虾虫贝，热闹非凡，陆地上却是光山秃岭，一片荒凉。即使有些生命踪迹，也只是星星点点，十分罕见。海洋是孕育生命的摇篮，但是，水域相对来说，又比较稳定，生物学家指出：这样的温柔乡环境状况，培养不出形态机能更加高级的生物。绿红褐藻如果在水域里，它们不会演变成繁花硕果的高等植物。鱼虾蟹贝虽然也在继续进化，但在水域里也不能进化成能飞善走的主宰世界的高等动物。水环境虽好，却是束缚生物不能向更高水平进化的阻限和牢笼。距今 4 亿多年前，志留纪到泥盆纪，水生生物登陆了。水生植物登了陆，荒山秃岭成了长满参天大树的绿色海洋；水生动物登了陆，荒凉的陆地，逐渐成为繁育出飞禽走兽的

世界。水生脊椎动物里谁有条件首先登陆呢？那就是总鳍鱼，因为它的鳍、鳔可权当陆上生活的肺和四肢（见图 3－5）。

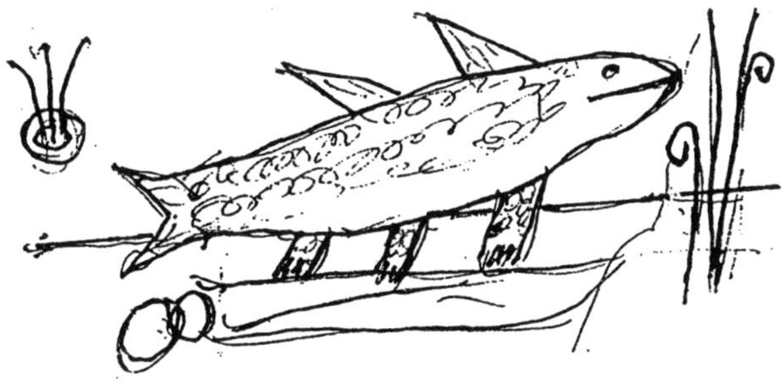

图 3－5　总鳍鱼首先登陆

10. 从猿到人，在非洲东部的肯尼亚，猿类走出森林，演绎了《东边的故事》

人类遗址中发现了猿从树上下来，并直立行走，解放了手，脑容量增大。因此，解释了人类进化，也就集中在解释这两点的由来。（《东边的故事》就是解释从猿到人进化过程的一本名著）

四、生物的因地制宜创新

1. 只要搞创新，置之死地亦有生的机会

古语说："江南有橘，移之江北则为枳"、"蓬生麻中，不扶而直"。这是说，从长期来看，生物有因地制宜的潜在创造能力。自然界不搞教条主义，不会有"伯夷叔齐不食周粟饿死在首阳山"的事件。1834 年贝格尔号航行到离厄瓜多尔约 1 000 公里外的加拉帕戈斯群岛（见图 3－6）。达尔文在岛上观察了 5 个星期。戈岛由 16 个或大或小的岛屿组成。岛与岛之间的距离只有几公里、十几公里，这个群岛大约形成于 400 万年前，从来未跟南美大陆连在一起。岛上有一个独特的雀类，后人命名为达尔文雀(或戈岛之雀)，达尔文雀在南美大陆也有，但只有一种，而在戈岛上多达属 13 种。这 13 种雀粗粗一看形态都差不多，但身体大小不同，鸟喙的大小、形状差别则更大，它们的习性也多种多样，大体可分为树上生活和地上生活两类。有的吃素，有的像啄木鸟那样啄木吃虫。鸟喙的形态，正跟它们的习性相关，鸟喙较大的，吃的东西较大。在地上生活的，鸟喙下部深陷，可以用来压碎果实种子。在树上生活的，鸟喙形状很适于把毛虫从藏身处钩出来，吸花蜜的鸟喙又细又长……

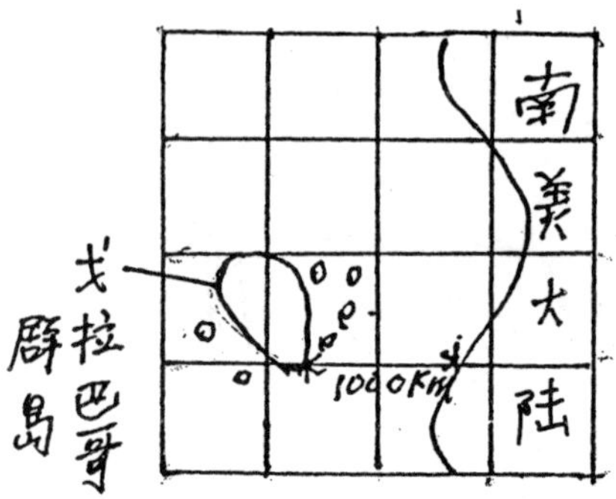

图 3-6 南美小岛图

达尔文正确推测，戈岛上的这些雀类，都是南美大陆的那种雀变来的。现代比较蛋白质序列测算，其趋异发生在大约 100 万年前。据推测，在那时，一小群达尔文雀的祖先被大风从南美大陆吹到了戈岛，在那里失去了大陆上原有的生存环境。好在戈岛不是一处荒漠之地，虽然雀的食源与在大陆时不同了，但在自然选择的压力下，南美雀的后代创造出了各种各样“专门化”的鸟喙，建立了各自小生境，从而变成都是自己小生境的最适者，生活得有滋有味(见图 3-7)。后代们生存发展的空间越来越广阔。专门研究戈岛之雀的生物学家指出，生物会因地制宜创新，从而获得新的适应，避免在激烈生存斗争中遭淘汰。戈岛之雀便是用长短不同的喙的办法来开发不同的食物来源。这就是建立各自的“小生境”。它们在

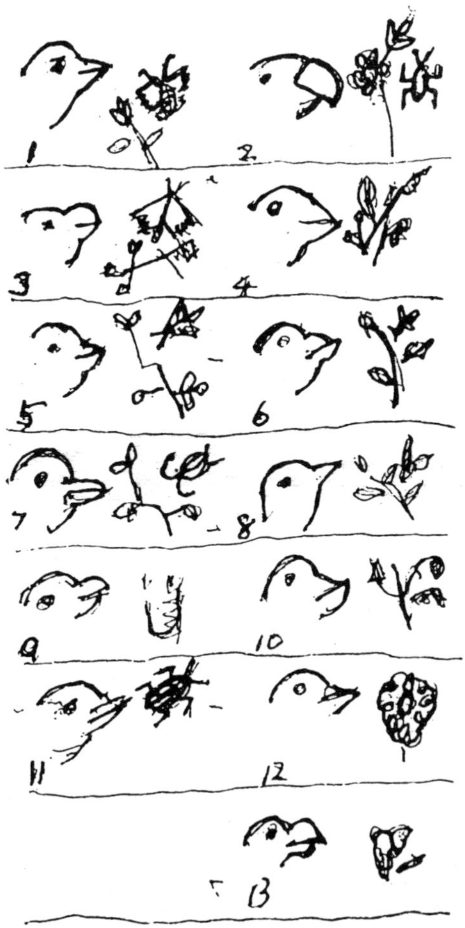

图 3－7　雀的各种鸟喙形状，表明鸟喙为了各种用途而高度专门化

图中象征性地画出了每一物种所吃的食物。在一个与大陆隔绝的岛上，达尔文雀具有大不相同的喙，出现了新种，但并没出现新的科——它仍然属于燕雀。

1—食虫鸟；2—6 主要食虫鸟；

7—12 主要食植物鸟；13—食植物鸟

各自专门领域中是最适者。因为它们是那个领域具备这种特殊能力的唯一物种。生态小生境在一定程度上好比是一块野生动物保护地，某一特定物种，能独立生活于其中，而避免受外界干扰的保护区，总之，创新能找到新的生路，像达尔文雀那样，虽置死地，亦有生的机会。

2. 小如昆虫，为什么会占全球动物数量之最

有机体发展机会与适应能力有关。如蚯蚓一辈子只能待在土壤里，因为靠表皮分泌一些黏液是抵御不住干燥地表水分大量蒸发的。两栖类青蛙幼体蝌蚪生活还离不开水，成体可离水，但只能栖息在沼泽和湖泊边。因为它皮肤裸露没有防御干燥的覆盖物。加上繁殖和呼吸功能不完善，决定它不可能成为真正的陆生动物。虎堪称百兽之王，生存力不能说不强，但龇牙咧嘴，凶猛无比的背后，则有对栖息环境严格要求的弱点：要有充裕的食物、有茂密的草灌木丛掩护，以及饮用、游憩的水域。熊猫也有只吃某种竹子的局限性，而限制了它们的发展。

昆虫占了动物物种数 2/3。从泥盆纪的岩石中发现了昆虫化石，据此推测，昆虫在地球上出现的历史至少已有 3 亿 5 000 万年。昆虫属于节肢动物门。凡身躯分布，头、胸、腹三部分明显，具有 6 足 4 翅的动物，都归为一个纲，称为昆虫纲。“昆”我国古代解释为“众多”的意思。地球上已知的动物约有 150 万种，其中昆虫约有 100 万种，昆虫占整个动物界品种的 2/3。昆虫在地球上分布之广，也非其他动物能比。从赤道到两极、海洋、沙漠、陆地、空中，高至世界屋脊，低至几米深的土壤里，都有昆虫栖息，即使在

图 3-8 全球生物数量比例图

温度高达 55—65℃的温泉里也有水蝇生活着。曲蝇、盐蝇能在煤油和盐水中生存。有些甲虫还能在酒石酸、碱、卤砂、马钱素等刺激或有毒物质中生活。谷象能在纯粹的二氧化碳气体中生活数小时。

昆虫为什么这样多呢？主要是特别能创新，能因时因地制宜，创造众多的、汲取、利用负熵和防卫的招数。由此能“无孔不入”，开辟无数小生境。

第一，食源广，口器创新，多种多样。

昆虫食料来源之广，可以说是遍地都是，到处都有。据统计所有昆虫中，吃植物的约占 48.2%，吃腐烂物质的约占 17.3%，吃寄生物质的约占 2.4%，捕食性占 28%，其他都是杂食性的。有些种类的食性很杂，有一种舞毒蛾，能吃 458 种植物的叶子。日本金龟子，能吃 250 种植物。植食性昆虫取食食料的部位并不一样，有的取食植物的组织，有的取食汁液，有的吃叶，有的吃柱茎，有的咬根，有的吃花朵或种子。

昆虫的广食性与昆虫的饮食方式和嘴(口器)创新复杂而奇特有关。“蚕食而不饮，蝉饮而不食，蜉蝣不饮不食”。《淮南子》里记载的三种昆虫的取食方式确切反映了昆虫中存在的众多的口器类型。

第二，昆虫的听器、眼睛、测向等感应器官灵敏；爬、跳、捕、挖各显其能的足，实用而有力。

昆虫除了口器奇特外，还有东察西探雷达般的触角来寻找食物，并有 350°视野、和环境建立联系多得出奇的眼睛。

世上动物眼睛之多，莫过于昆虫。蜻蜓头上像灯笼样的一对眼睛、红头苍蝇头上的一对红眼，并非只是两只眼睛，而是由许多六角形的小眼组成，称为复眼。蜻蜓每只复眼有 10 000—28 000 个小眼组成；蝶蛾类是 12 000—17 000 个小眼；龙虱是 9 000 个，等等，这样，它们的视觉都非常敏锐，且视野宽，如苍蝇可达 350°，而人眼只有 180°。一个物体悠忽出现在面前时，人眼要 0.05 秒才能看见，而苍蝇、蜜蜂只要 0.01 秒就能看见。对人来说只不过是稍纵即逝的模糊运动物体，而苍蝇则可能已辨别出其形状及大小来了。

触角——感应的万能仪。蝶蛾的聚会，蜜蜂采花，苍蝇的逐臭，蚂蚁的识途，无不由于其触角有惊人感觉功能所引起。这种功能比人的鼻子要灵敏亿万倍。即使在每立方厘米的空间中只有一个气味分子，触角上感觉器官也能察觉出来。

爬、跳、捕、挖各显其能的足。足是一切动物的行动器官。昆虫种类繁多，分布环境复杂，因而有的适于捕捉其他昆虫，如螳螂的足成折刀状；有的适于跳跃，如蟋蟀；有的适于步行，如天牛的足较细长适于步行；有的足适于游泳，如龙虱足扁平；有的如“花粉篮”结构，如蜜蜂的足有利于采集花粉；金龟子前足短粗有刺，适于掘土。

昆虫有特殊的循环系统、呼吸系统。内部器官系统遍布全身。结构十分简便，但性能和效率很高，可以承受较大的持久活动。如开管式循环系。在血腔中血液直接与组织、细胞相接触。这种构造的心脏简单，没有血压，血液流动缓慢。蝗虫循环系为开管型。内脏器沐浴在血液中，便于体内物质和气体交换。这样对蝗虫类节肢动物有更强适应性。蝗虫的呼吸器是气管。气管位于体腔中，向外穿过外骨骼体表开口于体表的气门。气门通向气管并扩大成气囊，又依次分成更细的支气管，深入到蝗虫组织之中。支气管最末端充满液体。陆生支肢动物蝗虫的循环系属开管式，其携氧能力很低，由于气管十分发达弥补了它的不足。

多种防卫能力创新。昆虫纲的身体有分节的角质外骨骼，既能防御敌害的攻击和带病微生物的入侵，又不影响其活动的能力。除此以外，昆虫在长期适应环境的演变中发展了众多安全保护、防止天敌伤害的自卫本能。如蝴蝶有无数天敌，若不是具有超强、惟妙惟肖模仿某种植物的能力，早就在地球上灭绝了。① 保护色。许多昆虫的体色与栖身的植物颜色相似。如木叶蝶，翅膀正面颜色鲜明美丽，反面则很像一片枯叶的脉纹，当它静止树枝时，两翅合在一起，就像长在枝条上的一片枯叶，鸟类对此很难辨别。② 拟态。如竹节虫，身体四肢细长，静止时六足紧靠身体爬在竹技上，很像一根枯竹，尺蠖的幼虫静止时也有这一招。③ 全变态。昆虫在发育过程中，从卵→幼虫→蛹→成虫有变态阶段。如蚕蛾，家蝇的全变态。在变态过程中，每个阶段食性不同，这样可避免与成虫争食。④ 惊人的繁殖力。白蚁的蚁后，一生可产几百万个卵，平均每秒钟产卵 60 粒。一对苍蝇，从 4 月到 8 月的 5 个月中，它们的下代如都不死，可有 1 万 9 000 亿亿只。棉蚜虫自 6 月中到 11 月的 6 个月中可以有 6 万亿亿个。因未成虫易损失，就从多生来弥补。

昆虫还有警戒色、施放瓦斯、断足自救、装死逃生、集体防卫等有利于生存的措施。

我们看到戈岛之雀被大风从南美大陆吹到生存环境大不相同的小岛上，它们无力改造大环境，但也不愿等死，便从改造自身做起，打造适应自己的小生境。主要的改进是使摄食负熵的喙的多样化。结果造成了天地宽广的新的生存空间。昆虫则更进一步，全方位改进自己的口器、眼、触角、足和呼吸系、循环系，使之简单实用。这样要上天就上，要入地就入。创新为扩展生存空间提供了条件。前面提到，美国心理学家阿瑞提（Areti）指出：从生物进化与人的数不尽的自由创造中，使我们认识到“漫长的生物进化过程，与人的创造力当中所发现的发展过程是相似的”。区别在于生物体是用自己的身体的改变来创造新的可能性的。皮亚杰则指出，人的发展也有一个适应问题，这不是改变身体，而是改变自己已不适应新环境的意识，这叫做智慧适应。智慧适应了，又肯动脑动手，又不搞“智障”，不搞教条主义，就能与时俱进，因地制宜，创造出发展的新天地。

第四章

一个人类共同体创新涌流的条件

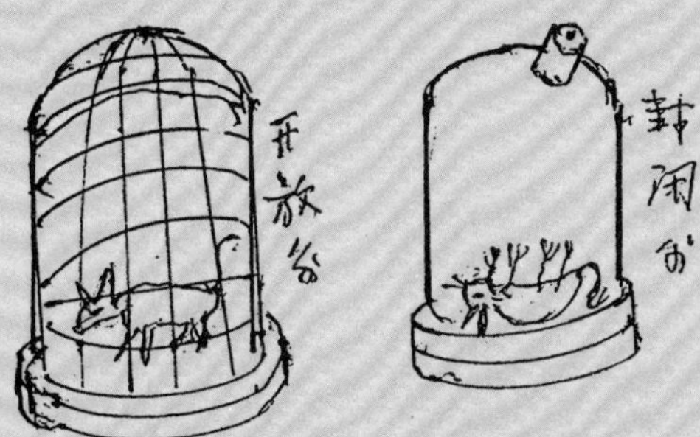

这里说的“人类共同体”，是指某个时期一个城邦、国家或一个公司、团队。如果拿同类项的“共同体”相比较，会看出它们之间的创造力有的高有的低。如古希腊两个比邻而居的地区：阿提卡的雅典人创造力旺盛，而彼奥提亚人则是公认的愚笨。那么产生创造力高低差异的因素有哪些呢？对此，我们也用阴阳互动的原理来分析。阴，即环境的挑战和负熵供应的一些状况：挑战的“度”，是过度、正好，还是不足；负熵供应是丰还是欠。阳，一个人类共同体“异乎寻常”的突变创新的能力状况：是平庸还是拔尖，人的创造天性是活跃的还是被埋没了？孕育创新力的氛围是否积极？联合国教科文组织《旅游、文化和可持续发展》文件指出：一个城市的文化活力体现在有文化遗产、文化多样性、文化创意三者的有机统一。文化遗产，体现历史的传承力；文化多样性，体现差异的包容力；文化创意，体现前瞻的创造力。三驾马车缺一不可。哲学家则说：创新发生在一个信息汇集之地、社会开放之时，有为之人三碰头处。普列汉诺夫指出了一个有为之人，如何发挥有为之才的条件：“为了使一个拥有某种才能的人能运用他的这种才能，来对事变进程发生重大影响，就需要有两个条件。第一，他所具备的才能当使他比别人更加适合那个时代的社会需要；如果拿破仑所具备的不是他那种军事才能，而是贝多芬的音乐才能，那他当然就不能做到皇帝。第二，当时的社会制度不应阻碍具备适合需要并对当时有益的特性的那个人施展其能力。如果法国旧制度再延续75年之久，拿破仑也许终身也不过是个不大著名的波拿巴将军，或者是上校。”(《论个人在历史上的作用问题》)这正是时势造英雄，英雄造时势。

阿瑞提指出：人的创造力与生物创造力之间，主要不同在于生物“拥有无穷的时间，因而哪怕是不大会发生的变异，及不大会出现的，那种与合适的环境相遇的情景，最终会发生”。而“人并没有无限的时间供自己随意支配。但是凭着他的认识机制，凭着拥有前人积累下来的经验，以及最重要的——凭着他有意识、有目的的追求，他就能无限地缩短获得创造力所需的时间。”(《创新的秘密》)“前人积累下来的经验”是今人宝贵的营养资源。“有目的有意识的追求”就是人首先要有梦，由此产生由前瞻想象力支持的超赶时间、能动积极的创造性。

阿瑞提认为，创造力可分为“莎士比亚或牛顿那样的伟大创造力”以及“普通人在变动和改造旧事物时，稍微放弃一些通常方式，所表现出来的那种创造力”。他认为，研究人类伟大创造力，对普通人的创造会有教益。

下面我们以雅典与佛罗伦萨的情况为例，看一看人类的伟大创造，其出现的条件是什么？

一、古希腊举世公认的创造力和才气，是从哪里来的

（一）古希腊人创造力面面观

丹纳(Taine)说：“古希腊的鼎盛时期(相当于我国春秋战国时期)，他们的贡献主要在纯科学。”他们生性好奇，喜欢思考，想要知道事物的原因和理由，追求抽象的终极结论。探索从一个定理发展到另一个定理会有哪些微妙的阶段？耶稣降生前600多年，赛利斯已经在论证等边三角形三角相等。毕达哥拉斯发现了“从直角三角形之弦引申的矩形面积，等于其他两边引申的两个矩形面

积之和”的定理。欧几里得的“几何学”，许多世纪之后还在欧洲各国作为学校教本。亚里士多德三段论，分析各种观念，注意它们之间的隶属关系，建立互相之间的连锁，不让其中缺少一个环节。他们津津有味地去铸就所有环节，这便是希腊人智力方面的特长。希腊时代的创新者，前后接踵！数学从毕达哥拉斯到阿基米德；天文学从赛利斯到托勒玫；自然科学从希波克拉底到亚历山大的一般解剖学家；逻辑学、政治学、伦理学、美学，从柏拉图、亚里士多德到斯多噶学派、新柏拉图学派。醉心思想的人都想用崇高理念概括宇宙，一一如此。后来的中世纪时期有一个教皇甚至说：“希腊语文是异端邪说的根源”云云。在希腊文明的巨大宝库中，近现代人，还多有受惠，从他们丰富的天才猜想和假说中找到启迪。著名数学史家克莱因(Kline)在《古今数学思想》中说“希腊人在文明史上首屈一指，在数学史上至高无上，他们虽也采用了周围其他文明世界的一切东西，但希腊人创造了他们自己的文明和文化”。克莱因说：“埃及和巴比伦的数学，是根据物理事实边试边改，以及从直观认识得出的结果。”关于证明和逻辑的思想，“在巴比伦的数学里找不到”，而埃及数学“有一些初步的经验公式，几乎没有有意识的抽象思维、没有搞出一般的方法论、没有证明，甚至直观的推理想法”。其实，埃及和巴比伦文明比古希腊文明分别要早一二千年。他们都是后继文明的奠基者和负熵资源的供养者。

（二）希腊人为什么有这样的才气和创造力呢?

1. 在近便处有两大世界级负熵源

如图 4－1 所示，古希腊同伟大文明古埃及和巴比伦，以地中海、爱琴海(见图 4－1)为邻，汲取创新负熵的条件得天独厚。希腊人是聪明的学习者。人类学家弗朗兹·博厄斯(Boas Franz)指出：“人类历史证明，一个社会集团，其文化的进步往往取决于它是否

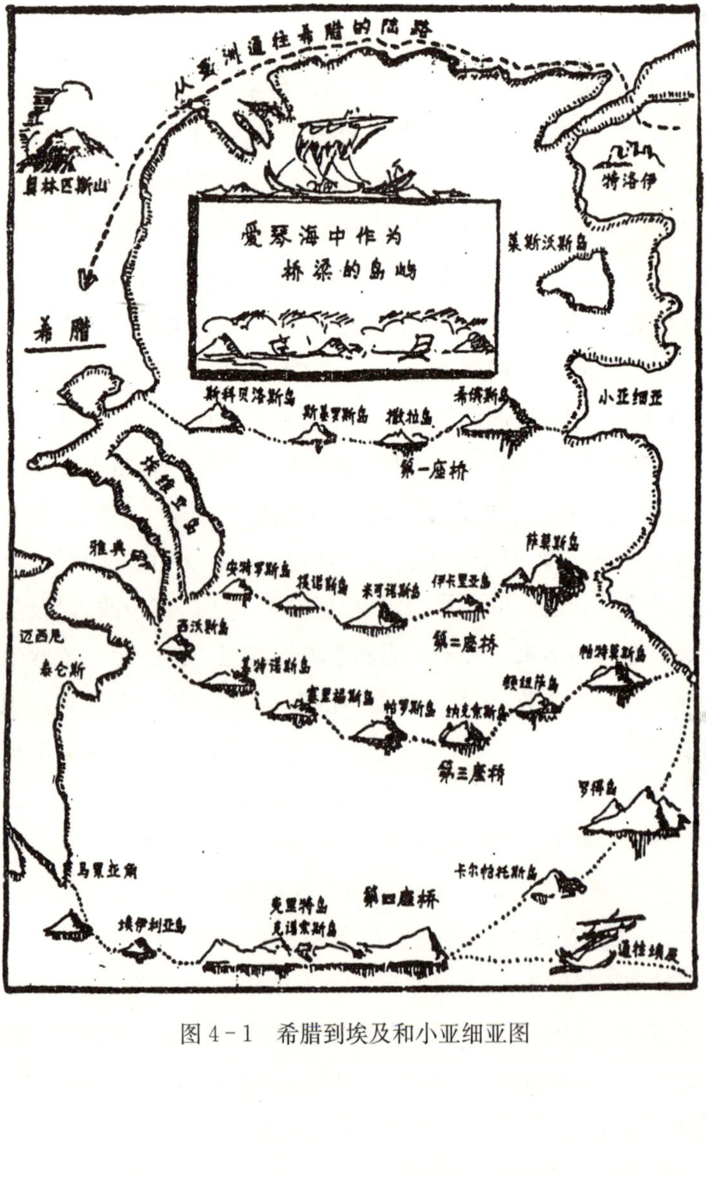

图 4－1　希腊到埃及和小亚细亚图

有机会吸取邻近集团的经验。一个社会集团所获得的种种发现,可以传给邻近的社会集团;彼此之间的交流愈多样化,相互学习的机会也就愈多。大体上,文化最原始的部落,也就是长期与世隔绝的部落,因而他们不能从邻近部落所取得的文化成就中得到好处。”(《种族的纯洁》)

雅典的帕台农神庙建于公元前 5 世纪,而此时埃及的金字塔已屹立了好几千年,巴比伦的智慧国王汉穆拉比已经长眠地下 1 000 多年。丹纳说:鼎盛期几乎所有的希腊学者,都有游历埃及和巴比伦的经历。他们是聪明的学生,很快掌握了爱琴海人从巴比伦和埃及带来的关于制造青铜器具,制造船舶,建筑豪华的石庙,雕刻精美的石像,演奏乐器,书写法典和文书,以及组织强有力的政府的法则。路威说,起初之时,希腊人应该是不需要重起炉灶,自行搞发明创造的,只要选用一些就够了。因为周边,自有许多东西可供选择,如已有多种不同的文字:巴比伦的楔形文字;埃

图 4-2 爱琴海

及的象形文字;以及闪米人的表音文字。希腊人根据自己音调优美的语言,选择了后者,并作了一些改进。如此等等。好学又聪明的希腊人,很快就超过了老师。他们学得了航海的奥秘,就开始造大量的船。后来他们的商船队深入到地中海周围和黑海地区。在航海经商中促进了经济活跃和社会财富的积聚。并从部落时代提升到了城邦时代。"公元前 6 至 4 世纪之间,希腊经济飞速上升……尤其是雅典的经济给人印象与 19 世纪的欧洲有点类似"。(J. 利维《古代世界经济生活》)

雅典人的开放心态与斯巴达人的闭锁。雅典执政官伯里克利在公元前 431 年的演说中说:"我们的城市向全世界开放……"相反,希腊的另一个城邦斯巴达,其国王曾傲慢自夸:"斯巴达不需要从别人那里学习任何东西。"这种自我封闭的锁国政策,付出的代价是斯巴达既没有对希腊文明作出贡献,更导致了这个城邦的停滞、衰弱。

向外学习,又保持自身特色。希腊人的篷帆小艇在地中海上到巴比伦的小亚细亚海岸和埃及只要二三天航程。正如《全球通史》所说,希腊人在"近便处汲取到负熵。住的地方离埃及和美索不达米亚,那些最早人类文明中心很近,能够从后者的最早人类成就中得到好处,但是还没有近到不能保持自己特点的地步"。这句话是恰当的。

2. 人要变聪明,就要到信息潮头中去"挣扎"

雅典人头脑灵活,得益于航海经商,见多识广。希腊的地理形势有两个特点:首先是丘陵起伏,土地贫瘠。这种情况如雅典人柏拉图自己所说:"阿提卡可以被描述为一件原初状态的遗物……由于过去九千年里大洪水频甚,高处的泥土不断被冲走,留下来的东西同原来相比,就像一个人因大病摧残,只有瘦骨嶙峋的骨架。"

希腊地区几乎没有平原，五分之三土地不宜种植，遍地是光秃的石头。碧蓝的爱琴海中星罗棋布的大理石质岛屿，非常美丽，岛上疏疏落落的树林，扁柏、月桂、棕榈，山坳或山坡上长着零星的葡萄藤和一些谷物。有的旅行家说，这里土地可供养眼的东西多，给人吃饱的东西少。在这样的地方，产生了身材不胖、活泼、生活简单、饱吸新鲜空气的居民。而首府雅典所在的阿提卡地区土壤更贫瘠单薄，那里出产的植物，只有橄榄、葡萄和少许麦子。阿提卡的雅典人与比邻彼奥提亚人（见图 4-3）的区别，用丹纳的话来说是，雅典人生活在希腊最穷的地方，平时一个鱼头，一个（洋）葱头，几颗橄榄就能满足。在透明、光亮的空气中长大，从小就特别活泼。一刻不停地发明、欣赏、感受、经营，别的事情都不放在心上。而住在肥沃平原上的彼奥提亚人，吃惯丰富的食物，喜欢吃喝，但脑子迟钝不会思想。罗素（Russell）也说："希腊人头脑中'彼奥提亚'一词具有相当清晰的含义。它代表一种习气，即感觉迟钝，缺乏想象、残忍粗俗的乡下习气，这是一种与占有优势的希腊文化的精华不相协调的习气。"

图 4-3 彼奥提亚人

另一个特点是港口密布，利于航海。希腊地处海滨。全国面积小于葡萄牙，海岸线却超过西班牙。大海凭借无数港湾和迂回曲折的地形侵入陆地。海岸多岩石，养不活居民，这种地理特点，必然鼓励出去航海。部落时代只有近海的航运，每天早上，一阵北风，就把小船从雅典送到附近岛屿，晚上一阵南风送回。丹纳说，学会了航海术之后，希腊人更是走遍了地中海和北海，他们“软硬兼施，搜刮东方油水充足的王国和西方野蛮民族的财物，带回贵金白银、象牙、奴隶，一切都是用低价买来的贵重商品，同时也带回别的民族的观念和发明，包括埃及的、腓尼基的、波斯的……这种生活方式刺激出聪明，锻炼智力”（见图 4－4）。据说希腊人中最早熟、最文明、最机智的人都出自航海部落。例如小亚细亚的爱奥尼亚人，大希腊的西西里人、雅典人，相反守在山中或束缚在土地上，也不喜欢旅行的居民，则始终是半开化的蛮子。别人受到鞭策，他们没有受到。

商业养成公平精确的理念（见图 4－5）。希腊半岛粮食不能自给，必须从海外采购。当牧羊部落定居下来后，他们要生存下去必须进行对外贸易，换取粮食，或者是掠夺性贸易，或者是公平交换。

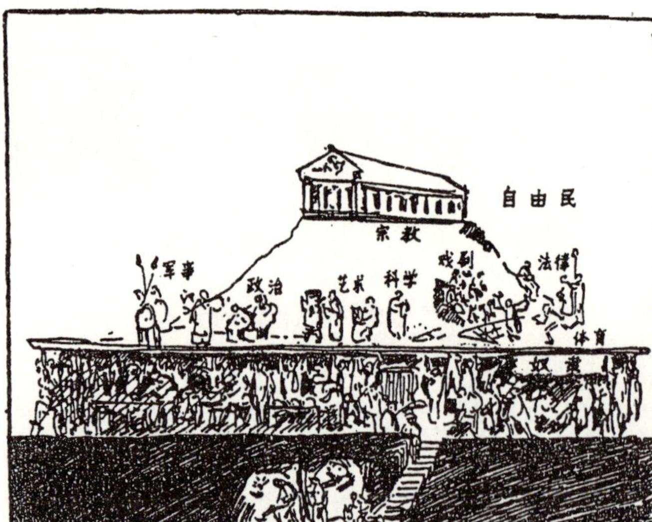

图 4－4　希腊社会

图 4-5 商业养成公平

希腊各个民族的大多数人都卷入了商业经济中，并很早就出现了一个商业阶级。“一个不从事生产，而只从事商品交换的阶级——商人”。(恩格斯)这个现象其他民族少有。尤其是埃及和巴比伦，根本就不存在。那里是以神庙经济为主体的。希腊既然是以商业经济为主体，必然会有与之相应的思想观念。17 世纪启蒙思想家孟德斯鸠在《论法的精神》中说：“商业能够治疗破坏性的偏见……

贸易的精神在人们的思想中产生一种精确的公道的观念这个观念在一方面和劫抢的观念势不两立，在另一方面同某些道德的观念也极不相容。”人们在平等中自由地生产、自由地交换、自由地竞争。为了钱财，为了尽快挣到更多的钱，积累更多的财富，他们必须踏实地，面对现实，不断创新，发现新原料，制造新产品，开拓新市场，发现新问题，在生产上和消费上利用新方法。在这种情况下塑造的人不会有“彼奥提亚人”的习气了。

一方水土养一方人。柏拉图说：“希腊有一个未曾须臾分开的同胞姊妹，就是贫穷，但她却引来了一位美德之形的客人——智慧的法律之子。希腊人正是依靠美德的帮助，将贫穷拘留在海湾里了。”丹纳说，希腊的自然形势一开始就有启发精神的作用，这个民族好比一群蜜蜂，生在温和的气候下，但土壤贫瘠，只能利用可通行的出路去采集、搜集，造新的蜂房。靠着灵巧和身上的刺保卫自己，建筑轻盈的屋子，酿成精美的蜜，老是忙忙碌碌地探求，嗡嗡之声不绝。周围的一些大型动物，却只知道让主子牵着带去吃草，或者莫名其妙地角斗。

3. 释放潜在创造力，要求精神上无羁绊

古希腊人没有传统观念的束缚。著名古希腊历史学家修昔底德，在《伯罗奔尼撒战争史》中写道：“现在所称为希腊的国家，在古时候没有定居的人民，只有一系列的移民，当各个部落经常受到那些比他们更为强大的侵略者压迫时，他们总是放弃自己的土地……因为他们没有要塞的保护，侵略者可以随时出现，把他们的土地夺去。在别处，也和在这里一样。他们对于离开自己的家，没有什么不乐意的，因此，他们不建筑或大或小的城市，也没有任何重要的资源。”修昔底德的话说明了古希腊人没有地域观念局限的原因。

公元前 8 世纪至公元前 6 世纪，随着城邦的建立，希腊又出现了大规模的移民运动。这种移民是城邦内部人口增加而容纳不了的结果。马克思在《强迫移民》中说："古代国家，在希腊和罗马，采取周期性的建立殖民地形式的强迫移民，是社会制度的一个固定环节。这两个国家的整个制度都是建立在人口一定限度上的。超过这个限度，古代文明就有毁灭的危险。为什么这样呢？因为这些国家完全不知道物质生产方面的运用科学。为了保存自己的文明，他们只能有为数不多的公民，否则，他们就得遭受那种把自由民变为奴隶的沉重体力劳动的折磨……那时唯一的出路就是强迫移民。"就在这样的背景下，希腊人有计划地在伊奥尼亚地带陆续建立了 12 个城邦。

由此可见，古希腊的民族是许多不同部落族人在长时期、无数次的大小迁移中混杂融合而成。这样的形成过程，使他们有了与埃及人、巴比伦人等有所不同的特征：他们没有皇权观念、种族观念、宗族观念和宗教观念。如果这几种观念结合起来束缚人，要产生新思想，会十分困难。而古埃及人、巴比伦人正是这样，他们比希腊人早几千年进入文明时代，而不产生哲学，原因之一就是他们始终受到上述四种观念的束缚。

4. 希腊人生性好奇，好奇心有益于探索、创新

哀莫大于心死。如果缺乏好奇心，就不会有探索和创造新事物的热情。

长期定居者对自然环境和祖宗几千年传统的东西习以为常、司空见惯了。见怪不怪，因而对事物不会有惊奇。而希腊人是在迁移中成长，每天都有意料之外的事发生，这就使思想不会寂然禁锢而窒息。

图 4 - 6 表示的是埃及的巨大纪念物。生活在附近的人天天

看到它,已有六七千年了,但是从未想去研究它们。远方的参观者到来后才研究它们的意义。

图 4-6 好奇心

柏拉图说:“哲学始于惊奇。”亚里士多德说:“人们由于惊奇才开始研究哲学,……他起初是对眼前一些问题感到困惑,然后一点一点前进,提出了比较大的问题。例如,日月星辰的各种现象是怎么回事,宇宙是怎么产生的。一个人感到惊奇感到困惑是自己觉得无知。”(《形而上学》)亚里士多德又说:“所有的人都是从惊奇开始的,他们感到奇怪,事情居然是那样,如木偶会自己动,正方形的对角线会与边不通约。在一个尚未看出原因的人看来,有一个数量最小的单位除不尽,是很奇怪的。可是我们得到的结果都是不惑。而且像谚语说的那样‘知忧于惑’。人们知道了上面那些事情的原因之后,也是这样的,如几何学家弄清对角线与边不可公约之后就毫不惊奇了。”爱因斯坦指出:“这个思维世界的发展,在某种意义上说,就是对‘惊奇’的不断摆脱。”

(三) 揭示大自然秘密的科学、哲学惊奇为什么产生在希腊,而不是埃及呢?

人对意料之外之事会惊奇,如爱因斯坦四五岁时父亲给他看一个罗盘,不管他如何更改罗盘的方位,指针总指着一个确定的方向。在他看来这违反常规,而非常惊奇,认为一定有什么东西深深地隐藏在事情后面。后来他说,“凡是人从小就看到的事情,不会引起这种反应。他对于物体的下落,对于风和雨,对于月亮不会掉下来,对于生物和非生物之间的区别等都不感到惊奇”。

世世代代居住在尼罗河与两河流域的古埃及、巴比伦人身心局限在固定地域,闻见不大有变化,观念又被宗教神学左右。在他们看来,一切注定如此,他们就不会有追根溯因的哲学与科学惊奇。他们积累了当时丈量土地的经验知识,和由四季耕作需要的天象观测知识。严格说来这样的实践科学的产生,不必以科学惊奇为前提。古希腊人则把这些前人已知其然的经验资料,用惊奇的态度审视,又用自己发明的逻辑方法进行深度加工推演,变成了更丰富又知其所以然的新的科学与哲学创造。古希腊人之所以产生科学哲学惊奇,这与上述他们所经历的生存大背景有关。

1. 社会改革创新进步,要有推手

希腊贵族君主制受阻时,产生了一批改革家,如雅典的梭伦、斯巴达的喀莱古斯、科林斯的斐冬、底比斯的菲罗劳斯。恩格斯说:“梭伦揭开了一系列的所谓政治革命……其后80年间,雅典社会逐渐采取了一个它在以后数百年遵循的发展方向……”尔后是伯里克利执政时期,他继承了梭伦等人的改革精神。伯里克利热爱科学文化,他拜各种学者为师,广交各种人才。其中哲学家芝诺和阿那克萨古拉就是他的老师和朋友。智者派的创始人普罗塔古拉、雕塑家费底亚斯也是他的挚友。他主张百家争鸣、百花齐放。他曾颁布“观剧津贴”令,鼓励公民观看一年两度的戏剧节。允许上演有讽刺伯里克利内容的喜剧,体现了奴隶民主制的彻底性。恩格斯论述雅典国家产生时说:“现在已经大体上形成的国家,是多么适合雅典人的新的社会状况。这可以从财富、商业和工业的迅速繁荣中得到证明。”

与雅典对比,希腊的另一个城邦,斯巴达的情况值得一提。他们错过了改革的机会。他们禁止公民经商,不准释放奴隶,实行军事生活方式和军营式教育。人们长期固守在小块土地上,没有商品经济。眼界狭隘,墨守成规。基本上堵塞了科学技术、文化艺术以及哲学的发展。因此斯巴达没有产生过一名哲学家。由此看来开明睿智有权威的人物的推动,也是一个时代繁荣昌盛的必要条件。

2. 希腊神话的英雄主义激励和隐隐然有客观规律存在的思想熏陶

马克思说:“希腊艺术的前提是希腊神话,也就是通过人民的幻想,用一种不自觉的艺术方式加工过的自然和社会形式本身。”在远古时代,人们的知识水平很低,大自然种种现象使他们感到惊异,而求知的本能驱使人们发出一个又一个疑问,种种问题的各种回答,起初就是神话。

古希腊最有代表性、最有影响的神话,是产生于公元前8—7世纪的荷马史诗。莫莱说:“大多数民族的神话,都是自命曾经创造世界,奥林匹亚的神明,并不自命如此。他们所做的,主要是征服世界。他们是些嗜好征服的首领,是些海盗之王。他们既打仗又游玩,又作乐;他们开怀痛饮,并大声嘲笑伺候他们的瘸铁匠。他们只怕自己的王,从来不知惧怕别的。"(《希腊宗教的五个阶段》)荷马史诗的宗教味很少。罗素说:"在荷马诗歌中,所能发现与真正宗教感情有关的,并不是奥林匹亚的神明,而是连宙斯也要服从的'命运'、'必然'与'定数',这些冥冥的存在。命运对于整个希腊的思想起了极大的影响。而且,这也就是科学之所以能得出对于自然律的信仰的渊源之一。"(《西方哲学史》)策勒尔也这样说:"荷马史诗中的人们,以对奥林匹斯山诸神更大的虔诚仰观着它——那就是永不变更的命运之神。……命运是一个冷酷的抽象物,这是人们开始领会一切事件都受自然规律的支配这一事实的产物。"(《古希腊哲学史纲》)汤普逊在《古代哲学家》中写道,"神话中所讲的神祇,老实讲,绝大部分根本不是神祇,而只是自然现象的名物而已。这时物质世界的面貌,已逐渐地被人们按照它们的真相去认识了。因此,在这里我们看到一种新的思想形态的涌现,标志着对外在世界走向科学认识的第一步"。

希腊神话从它产生开始,就以独特风格、丰富内容鼓舞教育人们为人类未来和幸福生活而奋斗。神话中的英雄,后来被认为是部落的祖先,与我们的三皇五帝一样,他们是艰苦的历险者、灭妖除怪为人类造福者。神话中的英雄,显示了普通人民的愿望。

二、佛罗伦萨为打造世界顶级艺术家团队准备的社会条件

1. 那时的意大利是资源和信息汇集之处

公元1400—1600年的欧洲(相当于我国明朝),历史上称为文

艺复兴时期。西方从此摆脱了中世纪封建制度和教会神权统治的束缚，逐渐得到了物质生产力和精神生产力的解放。房龙说，当时人“不再把他们的全部思想与精力，集中于在天堂里静待他们幸福永生的降临，他们试图集中精力在地球上建立起他们的天堂……文艺复兴开始了城市和宫殿都充分沐浴着热切求知的好奇心的灿烂阳光”。

文艺复兴的策源地是意大利。这是因为中世纪后期，意大利处于有利的贸易地位，吸引商人、银行家在此汇集，财富迅速积聚(见图 4－7)。十字军东征，东方来的信息和资源也在这里汇集。资本主义首先在这里发展。佛罗伦萨又是但丁、彼特拉克等人的故乡，这里是文艺复兴的摇篮和中心，经济繁荣，需要艺术点缀，遂有艺人辈出和发挥才能的机会。意大利的巨商富贾，不像后期“晋

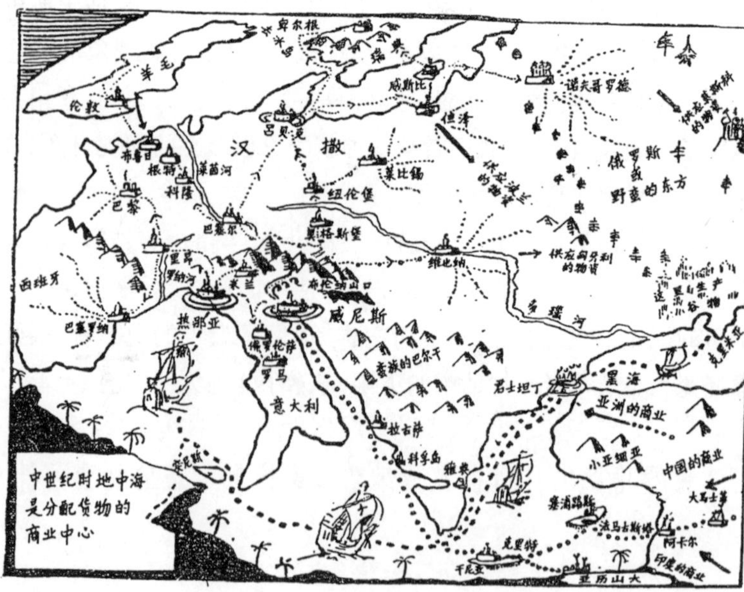

图 4－7　意大利的信息中心地位

商”把财富注入土地，到乡下去建造乔家大院、王家大院，而是投到工商业和金融业，因此城市迅速繁荣。公元 13 世纪，佛罗伦萨的钱庄、银行的分支机构已遍布西欧各大城市，支配了那里的货币市场。到 14 世纪，佛罗伦萨一地，就拥有银行 100 家以上。美第奇家族是 15 世纪欧洲最有势力的银行家，向教皇、各国君主、贵族放贷，利息 25%，发达的城市经济是文艺复兴的经济支柱。

意大利北部诸城市，本来都是在神圣罗马帝国统治之下，但帝国与罗马教廷为争夺对西欧和意大利的统治，进行了长期对抗，结果元气大衰。使得经济力量强大的北部城市乘机发展成独立的政治实体——城市国家，如威尼斯共和国、佛罗伦萨共和国……等等小邦国。小邦主都是实力派，如佛罗伦萨的美第奇家族，是显赫的银行家。他们有的用暗杀、下毒等手段来取得统治权，称为僭主。那里没有议会，没有公正的司法，也没有警察，一切都是小邦主说了算。他们一般代表新兴商人阶级，所以对冲破中世纪封建制度、提倡人文主义的文艺复兴精神采取庇护态度。另一方面，因为各邦都富得流油，需要用气势磅礴、欣欣向荣的新的文学艺术来点缀新的生活。当时大批艺术家，包括达·芬奇、米开朗琪罗、拉斐尔等都被雇用在富商大贾，如美第奇的家里。帮助建造宫殿般的住所，工程浩大的陵墓、官邸，组织一年四季不停的豪华游乐赛会。而有才华的艺术家们，就此也有了施展拳脚的地方。达·芬奇的《最后的晚餐》，米开朗琪罗的《大卫》，《摩西》，拉斐尔的《雅典学园》等巨制。都是在这样的背景下创作出来的。丹纳指出：那时在整个意大利出现的，不仅有五六个前无古人后无来者的天才画家，如雷奥纳多、达·芬奇、米开朗琪罗、拉斐尔、乔乔纳、提香、凡罗那士、高雷其奥，而且还有一大群优秀的熟练画家，以及上百个比较不知名的人，都受过同样趣味的熏陶，用同样的风格制作，形成一支庞大的队伍。卓越的建筑家和雕塑家的数量也差不多相等。同时在面目如此众多，出品如此丰富的艺术家家族周围，还有无数的鉴赏家、保护人、购买者，以及簇拥在后面的广大人群，不仅包括贵族与文人，也包括工商业者，工匠、普通的僧侣、平民。风气之盛使那个时代的高雅的鉴别力成为自然的、自发的、普遍的东西。由于上下一致的呼应，整个城邦都参与艺术的创作。

2. 文艺队伍从娃娃抓起

艺人们从小就跟极富想象力的师傅摸爬滚打学得好身手；他们深受时代新风的熏陶，心中有思想解放的火把；刻苦研习希腊古典和基础科学，俨然是学者型大师；发明了许多绘画新技法，使画风一新；好勇斗狠，艺不惊人死不休的性格等因素，综合打造了意大利画派世界一流的创作队伍。

(1) 深受时代新风熏陶，艺人们心有火把。基督教经过一千多年发展，其信条已深深扎入社会上各种人的灵魂深处。基督教认为，人生而有罪，为了避免他世苦难，人必须遵守清贫之道，丢弃所有人欲，包括生财致富。随着商品经济的发展，教会信条成了以敛财致富为目的的工商业者的桎梏。时代不同了，公元 1000 年之后，在欧洲，主要在意大利，新的市民阶级拥有了财富和自由身份。上述教会信条，对他们已不合时宜。市民阶级愿望的代言人，就是人文主义者，如佛罗伦萨伟大诗人但丁(1265—1320) 抨击教会说："祈祷的场所是兽窟，法衣是面粉袋。"另一人文主义者诗人彼特拉克(1303—1374) 揭露"教廷是恶毒的寺院、各种谎言的熔炉、阴暗的牢狱"等等。中世纪把上帝和他世作为信仰中心，现在人文主义者则把人引向精神的解放和现实世界。人们对教会的抨击愈深，思想解放就愈彻底。罗素说，精神上的枷锁一旦摆脱，在艺术和文学中便有惊人的才华释放出来。

丹纳说，社会的需要，群众的需要像一堆干柴，文艺复兴精神是闪耀创造力光芒的火炬，艺术家感受火炬的光焰，使自己成了一个火种，火种把干柴点燃，变成熊熊大火，迎来了人的解放和艺术的新时代。丹纳认为，任何创造都情同此理，艺术家与思想者，心中要有火炬，火把又要与干柴——群众与社会的需要结合起来，就会有巨大无比的创造力。“这个原则到处可以应用，不论是创办宗教社团，还是建立军功，是文字创作，还是世俗的娱乐……例如当时新教中一些勇敢的小宗派，乘坐‘五月花’号，离开英国到北美去创立一个新国家(见图 4-8)。宗派的成员敢于有深刻的思考、深刻的感受、深刻的信仰，热情如沸，人人抱着坚定的信念，到蛮荒之地，建设新文明”。在文艺复兴精神鼓舞下，欧洲当时人都有这种激情澎湃，想去干一番大事业的拓荒者精神。艺术家也不例外。

图 4-8　“五月花号”上的船舱

(2) 古风犹在。追求完美与深邃。意大利还有一个特点，这里是古罗马文明兴起的地方。境内到处是古罗马的遗迹。角斗场、大剧场、陵墓、碑碣、别墅雕塑，等等。又在君士坦丁堡陷落后，古希腊的研究者，携带古籍，流落到意大利，他们带来了古希腊人追求深邃和完美的文化精神，这样的古风遗产，在潜移默化中影响着意大利人，又为人文主义提供了取之不尽的思想和创作资源。大艺术家米开朗琪罗等人从小兼受文艺复兴和古风的熏陶。罗曼·罗兰在《米开朗琪罗传》中写道，14 岁，“他转入雕塑学校，那个学校是洛·特·美弟奇所主办。那亲王很赏识他，叫他住在官邸中，允许他和自己的儿子同席。童年的米开朗琪罗，便已处于意大利文艺复兴运动中心，处身于古籍之中，沐浴着柏拉图研究的风气。他们的思想把他感染了，他沉湎于怀古的生活中，心中也存了崇古的信念，他变成了一个希腊雕塑家”。同城的前辈英雄但丁等人，也在他身上打上烙印。那时代的大艺术家，都有像米开朗琪罗那样既钟情于古希腊，“沉湎于怀古”，追求深邃和完美，又心有新时代精神解放的追求。此生又在艺术创作条件极佳的北部城市。从小练就一身技艺，极富天才，意志坚毅，肯吃苦耐劳，就必然会创造出不同凡响的艺术作品。

(3) 艺人们从小就跟极富想象力的师傅们，在艺术天地里摸爬滚打中成长。意大利人在音乐和视觉形象方面有天赋。这同从小受环境熏陶有关。以艺术家彻里尼为例，他在家庭里就看到榜样。他的父亲就是建筑师，素描很好，热爱音乐，能拉三弦提琴，能唱歌，能制造出色的木风琴、键盘琴、三弦提琴、六弦琴、竖琴；擅长刻象牙，造机器的手段很巧妙；在贵人府上的乐队中吹木笛；懂得一些拉丁文，也能作诗。那个时代的人，全是多才多艺的。达·芬奇这样的卓越天才自不必说，就是大大小小的生意人、修士、工匠，单单由于兴趣与习惯，而精通的某些娱乐项目，也比得上修养很高的专业人士水平。彻里尼便是其中之一。除此以外，他很早就是出色的素描家、金银工艺家、金银镂刻家、珐琅工艺家、雕塑家和浇铸家。同时他是工程师，能做兵器，造机械，筑城墙。在枪炮的操纵、瞄准及弹药方面，都胜过内行。波旁王室围攻罗马时，他用大炮轰击，给围城军队很大损失。他射击火绳枪的本领也很高明，曾经打中法国军队的统帅。他自造武器、自制火药，在200步以内用枪弹打鸟。他也热衷于创新，在不少艺术和工艺中，都发现一些特殊的方法。他有个秘诀："要得到所有人的赞美。"那是大发明的时代，没有一样事情墨守成规。当时人的想象力那么丰富，任何东西一经他们的手，不可能不面目一新。

艺术家们的才干还在工场与行会的熔炉中铸就。当时有的是工场。艺术家还组织行会，行业里彼此联络，大团体中有自由结合的小团体，使会员之间关系更亲密。亲昵使他们接近，竞争给他们刺激。学生是徒弟，师傅的生活与荣誉都有他一份。不是缴了学费就完事的业余爱好者。那时一个孩子在学校里读书识字，学会了一些拼法，十二三岁就去拜在集画家、金银工艺家、建筑家、雕刻家于一身的师傅门下。师傅通常都是兼通这几门技艺的。年轻人在他手下学的，不是艺术的一部分，而是全部艺术。他替师傅工作，做些容易的活儿，画画背景、小装饰、不重要的人物；他参加师傅的杰作，像对自己的作品一样关心。他成为师傅家的儿子、仆役。他和师傅同桌吃饭，替他跑腿，睡在他卧室上面的阁楼上，受他打骂。

拉斐罗·蒙蒂（Raffaelle Monti）的传记也说："我12岁到14岁在庞提纳利的铺子里住了二年，多半是师傅工作，我拉风箱。有时我也画素描。有一天师傅替乌尔班公爵洛朗特·美弟奇做儿对马嚼子上的金饰,叫我拿在火上重烧。他在砧上打一块,我在火上另外烧一块,他半中间停下来和朋友低声说话,没有发觉我已经把冷的一块拿走,换上热的;他用手去捡,烫了两个手指,痛得满铺子乱叫乱跳。他要打我,我躲来躲去,不让他抓住。但临到吃饭时,我在师傅柜台前面走过,被他揪住头发,结结实实打了几个嘴巴。”这是搭伙的生活,和铜匠、泥木匠一样,粗糙、本直、快活、亲热。师傅出门,徒弟们跟着,在路上帮他打架动武,不让他受攻击、受毁谤。

诺贝尔奖获得者李政道,曾提出今天培养高端科技人才,最好在院校基础训练后再经历一个追随名师、大师,师傅带徒弟的过程,把他们先进的学术思想、精湛的实验技艺、严谨的职业操守,在零距离处继承下来。也有人大代表提出建议,改革中医人才培养模式,让传统的名家带徒的师承方式融入当代教育。中医专业学生,既要学会养老鼠做实验,也要在名老中医的言传身教中传承名家流派医术。这好比有世代积累优秀 DNA 基因的生物个体更有生存优势一样,比走无师自通的路径,会更胜一筹。

当时行会的日常活动,总是富有创意,想象力无限。参加者彼此都受启迪。据华萨里的《艺术家传》说,师傅们互相之间也一样地狎昵亲热,这对艺术的发展很有意义。佛罗伦萨许多艺术团体中,有一个叫做大锅会,会员有油画家、版画家、音乐家等。聚会时每个会员可以带三四个客人,每人要带一样别出心裁的菜,如与别人重复就要被罚款。那些人在互相刺激之下,幻想多么丰富,精神多么充沛。竟然把图画艺术,带入饭局。有一次法朗采斯谷用一只硕大无朋的酒桶做饭桌,叫客人坐在里头。乐师们在桶底奏乐,桶中央伸出一株树,树枝上放着菜肴。法朗采斯谷的菜是一个大肉包子。“于里斯(神话人物)在包子里用开水煮他的父亲,而返老还童”。两个人物都用白煮阉鸡装成，另外还有许多好吃的东西。安特莱带来一座八角神庙，底下是一列柱子；一大盆肉冻做成的地面上，仿照宝石镶嵌的款式，划出许多小格；肥大的香肠做成像云斑石一样的柱子；巴尔末用奶饼做柱头和础石；各式糖果做楣梁，杏仁饼子做骑楼。神庙中央是冷肉做的一张圣书桌，书桌上用细石条排成一本弥撒经，胡椒代表文字与符号，周围的唱诗童子是许多油炸画眉，裂开着嘴，后面两只肥鸽代表低音歌手。波利谷用一只乳猪装成一个乡下女人，一边纺纱，一边看守着鸡。斯比罗用大鹅装成一个铜匠。聚会上，能听到大家滑稽古怪哄堂大笑的声音。另外一个团体是泥刀会，除了聚餐还有化装表演；有的扮成地狱之王普吕东抢走帕罗斯比纳的故事，有时扮维纳斯女神与战神玛斯谈恋爱，有时扮当时人马雅弗利的喜剧《蔓陀罗花》和阿里斯托的《冒充仆人》，皮皮埃那的《卡朗特拉》。另外一次，因为会徽是泥刀，会长要会员穿着泥水匠服装，带着全套泥水匠工具出席，用肉类、面包点心、糖，砌成一所屋子。总之过剩的想象力，在五花八门的吃喝中，尽情发泄。心那么年轻，像儿童一样。又因为满脑子都是艺术的形象，所以以艺术为游戏。

当时人华萨里说：各种艺术中的高手，尤其绘画方面的，都集中在佛罗伦萨，因为这个城市能给他们三种鼓励：第一是有力的反复批评，地方上的空气使人胸怀开朗，不满足庸庸碌碌的作品，不重作者的姓名，只问作品是否精美；第二必须为了生活而工作，所以要经常拿出眼光和创新能力，总之要有本领，要能自力谋生；第三是当地风气使各行各业的人都渴望荣誉，不要说同本领差的人平等，便是和自己承认为行家的人并肩，心中也不服，因为归根结底，彼此争胜是为乡土争光，把事情做得更好。

(4) 艺术家也是发明家，新画风来自勤于创新。中世纪绘画的特点，是用可见的东西和形象，象征不可见。如用十字和羔羊象征基督教信仰，用牧羊人象征基督，用鸽子象征圣灵等。由于基督教崇尚神秘主义和贬低肉体，所以人物造型幼稚可笑，比例失调，表情呆滞，色彩灰暗，死气沉沉。人类的情感，丰富多彩的世俗生活完全被摒弃了。而文艺复兴时期的绘画，色彩鲜明、浓烈，人物饱满，气势磅礴，达到了欧洲第一高峰。转变的原因，除了观念之外，还有当时艺术家的创造发明。"文艺复兴时期的艺术家们，从他们的职业来说，是无所不知的，他们受雇于王公贵族，去执行各种任务，从创作图画，到设计防御工事、运河、桥梁、军事器械、宫殿、公共建筑和教堂。所以他们必须学习数学、物理、建筑学、工程学、石工、金工、解剖学、木工、光学、静力学和水力学，他们进行手工操作，但也解决了最抽象的问题。至少在 15 世纪他们是最好的数学家"。(克莱因《古今数学思想》)达・芬奇、米开朗琪罗都是突出的例子。他们认识到艺术既是模仿自然，就要把艺术摆在科学的基础上。因此他们除强调艺术家要对自然事物进行精细的观察外，还孜孜不倦地研究艺术表达方面的技巧。与造型艺术密切相关的一些科学，如解剖学、透视学、配色学，等等，在近代都不是由专业自然科学家，而是由一些造型艺术家开始研究起来的。乔托(1267—1377)最早破除传统的呆板简单绘风，创造出动静鲜明的男女形象。玛萨乔(1401—1428)和阿尔伯堤(1404—1472)发现了远近透视律，雕刻家吉伯提(1378—1455)和罗拉台多(1380—1466)开始研究人体结构。这都体现出新视野下观察世界和描述的新眼光。

透视基本技巧的辛勤探索还表现在比例方面，很多画家都有讨论比例的专著，他们苦心钻研，想找出最美的比例。例如楚卡罗规定画女神，应以头的长度为标准来定身长的比例。认为天后和圣母的身长应为头长的8倍之类。米开朗琪罗往往把想象的身躯雕成头长的9倍或10倍,目的只在把身体各部分组合一起时,寻找出一种在自然形象中找不到的美。

艺术家们还探讨艺术劳动的态度问题,认为艺术技巧与此密切相关。技巧是熟练劳动的手段。美的高下乃至艺术的高下,都要在克服技巧的困难中出现,难能才算可贵。

总的来说,文艺复兴时代对形式技巧的追求,起了推动艺术向前迈进的作用。

(5) 好勇斗狠,艺术家都有艺不惊人死不休的气质。小邦主只问争奇斗富,不问治安,社会上矛盾动辄由当事人自己解决。艺人也不例外。性格就此多暴烈,艺术上嗜争胜竞争,艺不惊人死不休。

当时意大利北方诸小邦,邦主唯一心事是保持政权,人民的安全是不大管的。人们只能自己想法动手报仇。倘使有个倔强的债务人,或者路上碰到一个蛮横的家伙,或是认为某人对自己不利或者抱有敌意,就得把对方解决,当时的人动武成了习惯。艺术家同闯江湖的军人一样,好勇斗狠,动不动杀人。有一天拉斐尔的学生,决意要杀罗梭,因为他嘴皮刻薄,说拉斐尔坏话。那时只要一点儿极小的借口,就可以杀人。

佛罗伦萨的大学者马基雅维利所写《霸主论》,就是从当时意大利社会情况提炼出来的。天才的暴烈性格,也互见于巨人之间。罗曼·罗兰曾说:雷翁那多愈伟大,米开朗琪罗对他愈怀着敌意。他也决不放过表示敌意的机会。雷翁那多面貌生得非常秀美,举止温文尔雅。有一天在街上与一个朋友散步,路上遇见几个中产者在辩论但丁的一首诗。他们招呼雷翁那多,请他替他们辨明意义。这时米开朗琪罗从旁边走过。雷翁那多说请米开朗琪罗解释你们所说的那段诗吧。米开朗琪罗认为有意嘲笑他，便冷酷地回答，“你自己解释吧，你在米兰曾做过一座铜马模型，却不会铸成铜马的人，而居然不觉羞耻，你还是中止艺术生涯吧！”说完就转身走了。雷翁那多站着脸红了。米开朗琪罗还嫌不足，满怀着要中伤他的念头，喊道“而那些混账的米兰人会相信你会做得了这样的工作。”(雷翁那多当时正在米兰画《最后的晚餐》)又有一次米开朗琪罗的敌人，怂恿拉斐尔的朋友建筑家勃朗德，一个天才与米开朗琪罗相仿，而意志更坚强的人物，向米开朗琪罗发难。在这两个理智坚强的伟人与天才狂野中间毫无同情心可言，一心要打倒对方。米开朗琪罗毫无顾忌地指责勃朗德，说他在工程中舞弊，而勃朗德便决意要剪除他。如此种种。暴烈的脾气、冒险的生活、自发而卓越的天才，拥有多方面的才干。这些人一面为害社会，一面又是产生艺术的要素。丹纳说，在他们身上，首先引人注意的是强大的生命力，坚毅与勇敢的性格，敢作敢为的独创性，当机立断、孤注一掷的习惯，做事肯受苦与极大的能耐。总之，他们完整的气质有一股不可克服的力量。聪明的豺狼，文明的野蛮人，天才而性格暴烈，这却有助于艺术竞争，精益求精，总想比别人做得好，艺不惊人死不休。

3. 社会氛围有利于人才成长、艺术发展

中世纪的宗教裁判所是对付异教的，那么严厉抨击教会黑暗的但丁、彼特拉克和大批文艺复兴中坚人物，在意大利北部的佛罗伦萨等城市，为什么能太平无事呢？这个现象总起来说，是那里宗教势力比较薄弱，而新兴力量比较强。据记载当时马丁·路德满怀信仰、诚惶诚恐，不远千里，从欧洲北方的德国来到罗马，结果大为愤慨。回去说：“意大利人目无神明，达于极点。他们嘲笑纯正的宗教，挖苦我们基督教，因为我们样样相信圣经……。他们上教堂的时候有句话：我们去迁就一下群众的错误吧。他们说倘若我们每件事情相信上帝，那就苦死了，不会有快乐的时候了。我们只要顾着体统，不应该样样相信。”路德还深恶痛绝地说：“意大利人不是作乐，就是迷信。平民害怕圣·安东尼和圣·塞巴斯蒂安远过于基督，因为那两位圣徒会叫人生疮。所以禁止小便的地方，墙上画着圣·安东尼手里拿着火枪。他们就是这样生活在极端迷信之中，不知道上帝的训诫，不信肉体的复活、灵魂的永生，只怕暂时生疮。——很多哲学家，或是暗地里，或是半公开反对神的启示和灵魂不灭，基督教的禁欲主义和苦行主义，到处受人厌恶。群众的气质是异教徒，有教养的人因为受了教育，而不信神的。”

意大利北部封建势力薄弱，经济则繁荣富裕。富翁与贵族同城邦邦主一样只想寻欢作乐，他们养着一批诗人、学者、画家、雕刻家，叫人在府邸中画神话中打猎和爱情故事。提倡风流逸乐，助长异教徒的巨潮。所以他们容忍艺术家。如其中一位拐跑修女，亲属出来控诉，美第奇一笑了之。艺术家们有邦主庇护，他们就潜心创作。

从古希腊雅典对人类文明的贡献，和佛罗伦萨的艺术繁荣的景象中，我们看到一个社会创新涌流的条件至少有三点：① 那是一个负熵——信息、物质和精神资源交汇和富集之地。② 社会要有才智之士，如亚里士多德、达·芬奇等人，能善于运用社会资源，进行独辟蹊径的创新。③ 有开明的当权者。如梭伦、伯里克利、美第奇家族等的宽容，能积极扶持科学家、哲学家、艺术家发挥才智，他们是社会创造力勃发的推手。

三、近代欧洲和西方优势的基础

1. 与时俱进

作为欧洲文明起点的希腊，由于进行了一系列改革，从部落文明建立起来了城邦国家。并在政治、经济、文化各领域取得了叹为观止的成就。但古希腊人却将小国寡民的城邦制度，看成是国家的终极形式，尽善尽美。在随后数个世纪中始终没有挣脱城邦观念的束缚，最终被北方崛起的马其顿武力吞并。

中世纪意大利北部诸城市的产生，预示了欧洲未来的方向。随着市民阶级的出现，世俗文化兴起，理性开始向统治千年的信仰挑战。思想上解放了的欧洲，爆发出空前的创造热情。文学、戏剧、绘画、雕塑、建筑和政治思想都摆脱了传统的束缚，出现了新的内容和新的形式。他们不再描写神和用神的眼光看问题，而是描写人，用人的眼光看问题。当时的意大利大踏步跨入了近代。

14 世纪开始到麦哲伦环球航行结束的地理大发现，对欧洲的影响极为深刻，使得被封闭于一隅的西欧走向了世界。他们大规模进行了跨越大洋的航行，这在西方历史上是第一次，因此必然充满勇敢的、冒险的甚至鲁莽的创新精神。自古以来西方贸易主要通道一条是陆上丝绸之路，另一条是经苏伊士地峡的海上丝绸之路。地理大发现，他们另辟蹊径，从大西洋向西而行。新航路的开辟，把世界贸易的主动权抓到了自己手中，从而改变了世界的经济、政治格局。躲在地中海深处的意大利城市则从此走向衰落。而大西洋沿岸的西班牙、葡萄牙等西欧国家由此走向繁荣。葡萄牙首先迈入海洋。在葡萄牙向外开拓的时候，威尼斯、热那亚等地中海城市的目光仍局限于东地中海地区，绞尽脑汁维护自己对东方贸易的垄断，满足于这种垄断所获得的巨大财富。而没有意识到地中海西头直布罗陀海峡那边(即葡萄牙、西班牙等)所发生事情的影响。意大利人徒有精湛的造船技艺、丰富的航海经验、强大的舰队，在地理大发现中却没有丝毫作为。最终还是失去了对东方贸易的垄断。并由于航路的转移，他们无可挽回地衰落了。

眼热于葡萄牙人在海外事业中所获得的巨大成功，西、荷、法、英在葡人之后相继开始了海外冒险。便出现了争夺殖民地、争夺海上通道的斗争，爆发了多次殖民地战争。最终英国获得胜利。英国获胜的原因是多方面的。但重要的一条是，只有英国最大限度地适应了地理大发现之后新的世界形势的需要，建立了强大的商船队和舰队，确保了经海洋通向世界的航路。同时在国内建立了能满足日益扩大的世界市场需要的工业体系。源源不断、价廉物美的商品成了最厉害的"武器"，摧毁了所有的抵抗，从而确立了英国长达两个世纪的工业和军事强国地位。英国在建立起世界性商业和军事霸权——"日不落"帝国之后，也趋于保守。在第二次科技革命落后在美国和德国的后面。（第二次世界大战引起了好几项技术的突破。一为核能，二为取代劳动力的机器的应用。第一次科技革命的蒸汽机是节省劳动，而计算机则成为现代经济的支柱。三为航天科学，能在无重力、高真空、超高温、超低温的宇宙空间为制造商提供许多有利条件。四为遗传工程，科学家现在能阅读遗传密码，修改它们，并创造出新的东西来。西欧历史的发展过程，说明哪个民族不与时俱进、而有所精神懈怠，哪个民族便会被不断前进的时代所遗弃）

2. 近代西欧优势的基础在其自身科学革命、工业革命和政治革命的推动

18 世纪中叶到 20 世纪初是西方获得对世界霸权的时期，西方居优势地位的基础主要是自身的三大革命：科学革命、工业革命和政治革命所给予的不可阻挡的推动。三大革命互相依赖，连续地一个对另一个起作用。牛顿对支配天体运动定律的发现，和达尔文关于生物进化的理论，对社会政治思想有深远影响。政治又影响科学，给科学强有力的促进。政治还影响经济。英国制造

商约翰·威尔金森直截了当说，制造业和商业总是在教会和国王干预最少的地方最繁荣。

3. 社会新的需要推动了工业革命

据说19世纪30年代华盛顿的一位专利局长建议取消专利局，因为“可能发明的一切都已被发明出来了”。评论家说，当史前人在木筏上竖起第一面帆，人们再不必摇橹、撑篙、拉纤就能把船开来开去的时候，在那个史前世界也肯定会洋溢着一种同样的心情。希腊人、罗马人和现代人一样聪明智慧，但他们没有热衷于机器发明。原因之一就是当时广为盛行的奴隶制。当一位大研究家以极低的价钱购买他所需要的全部奴隶时，又何必在那些金属线、滑轮及齿轮上虚掷光阴，又何必使空气中充满噪声和烟雾的污染呢！

尽管中世纪时代奴隶制已被废除，只存在着比较宽容的农奴制。但那时的手工业行会并不主张使用机器，因为他们认为这会使大量同业的人失业。此外，中世纪也不愿大量生产物品，因为当时的裁缝、屠夫、木匠都是为满足人们生活的需要。

文艺复兴期间，一大批人开始专事研究数学、天文学、物理学、化学。有人论述了关于对数的新发明，莱布尼兹全面完善了微分学。1642年牛顿降生，这一年伽利略告别人世。“炼金术”(希望将普通金属炼成金子)纯属中世纪一种奇特的伪科学，但那些炼金术士在实验室里偶然产生的许多想法和获得的实践经验，这对后来的化学家有很多帮助。所有这样的工作为科学发展奠定了扎实的基础。

许多有实际经验的能人，利用这些成果，使制造更复杂机器成为可能。中世纪木头被用来制造一些必需的器具，但木头不耐磨，铁是更好的材料，但冶铁需要高温，最初用树木做燃料，但森林渐被砍光，后来使用煤炭，而煤必须从地下开采，须用机器代替人力、畜力从矿井中抽水，这是当时必须解决的难题。马匹可用来拉煤车，但抽水问题必须用特殊的机器，一些发明家竭尽全力解决这一困难。当时整个欧洲都忙于从事这项试验。后来主要是英国格拉斯哥大学的一位仪器修造师瓦特，对纽可门的机器作了改进。1777年，瓦特为世界造出了第一台真正具有实用价值的蒸汽机。固定式发动机发明之后，发明家的注意力转向借助各种机械装置推动纺纱机、船和车辆等问题，从而开启了工业革命的新时代。

4. 体脑结合奠定了科学的基础

科学革命使近代欧洲对世界的支配成为可能。科学与社会的联合，科学家与匠人的联合（实验方法的建立），大大促成了科学在西方世界的空前繁荣。所有社会的匠人都有打猎、捕鱼、务农以及加工木材、石块、金属、禾本科植物、块根植物、纤维和兽皮等技术。不过现代以前匠人技术，都明显有局限。原因在于匠人仅仅对诸如制作陶罐、建造简屋或小船感兴趣，并不为根本的化学原理或机械原理操心。他们也不探究因与果的关系。总之，匠人关心的是技术上的实际应用，而不是科学上的潜在原因。J·科南特给科学下的定义是："通过实验和观察发展起来并引起进一步的实验和观察到一系列互相联系的概念系统。""概念系统"构成科学的基础。显然匠人缺乏"概念系统"，这样的系统历来是哲学家（在近代以前欧洲人对知识分子通常都称为"哲学家"）所关心的。然而，这些哲学家对于日常生活中的问题既不了解，亦无能力处理。所以问题是如何使两者联合起来。即既知道实际知识又了解原因的结合奠定了科学的基础。推进了科学的发展，使科学成为今日的支配力量。

文艺复兴缩小了匠人与学者之间的鸿沟。以前是"君子动口不动手”,劳心与劳力分离。文艺复兴有了大改变。如威廉·哈维(1578—1657)之所以能作出关于心脏血液循环的大发现,主要是他不理睬社会对体力劳动的藐视。数十年间,他一直进行各种艰苦的实验。他切开小动物、小昆虫及种种生物的动脉和静脉,谨慎又耐心地观察记录血液流动和心脏的搏动,这对哈维来说,工作在旧思想还盛行的时代,坚持实验方法和科学精神需要勇气,实不容易。

地理大发现也扩大了科学的视野并促进了科学的发展。新的动植物,甚至新的人类社会相继被发现。所有这些都向传统思想和假说提出了挑战。

欧洲科学革命还在很大程度上归功于同时发生的工业革命。工业革命和经济上的进步,导致技术上的进步,后者转而又促进了科学的发展和受到科学的促进。

5. 政治变革为发展扫清道路

马克思认为,“社会的物质生产力发展到一定阶段,便同它们一直在其中运动的现存生产关系或财产关系(这只是生产关系的法律用语)发生矛盾,于是这些关系便由生产力的发展形势,变成生产力发展的桎梏,那时社会革命的时代就到来了。随着经济基础的变更,全部庞大的上层建筑也会或慢或快地发生变革。”(《马恩选集》第二卷,第 32 页)实例一,查理一世上断头台是封建上层建筑崩溃的信号。1649 年 1 月 10 日英格兰王宫广场,人山人海。只见一个丧魂落魄、步履蹒跚的囚犯被士兵押上了断头台。这人就是英国斯图亚特王朝的国王查理一世。17 世纪英国革命推翻了封建王朝,宣告了封建制度崩溃的开始。马克思指出,英国革命及后来的法国革命,都是“欧洲范围的革命”。而且在更大得多的程度上,反映了当时整个世界的要求。因此把 17 世纪 40 年代的英国革命作为世界近代史的开端。实例二,攻占巴士底狱的法国革命者宣告了新的政治和经济制度的诞生。1789 年 7 月 14 日凌晨,成千上万的巴黎人民,满腔怒火地向巴士底狱冲去,巴士底狱是一座关押政治犯的监狱,是一座象征封建统治的堡垒。它位于巴黎东部,由几个高耸的塔楼组成,四周有 25 米宽的深水壕沟。人群像大海的怒涛与守军展开了激烈的战斗。轰轰烈烈的法国革命开始了。法国革命爆发时,其统治者是波旁王朝昏庸无道的路易十六。法国大革命是继英国革命之后一次更深刻更彻底的资产阶级革命。它从根本上消灭了统治法国一千年的封建制度,开辟了资本主义更加发展的时期。它不仅为法国新的发展扫清道路,它的影响遍及欧洲、拉丁美洲。美国、德国、俄国和日本也经过各种形式的资产阶级革命,进入了资本主义历史阶段。所以列宁说整个 19 世纪都是在法国革命的标志下度过的。

总之,西欧的崛起是建立在地理大发现的向外开放及欧洲内部科学革命、工业革命和政治革命的联合作用的推动。体脑结合的科学创新,节省人力物力的技术革命和使上层建筑、经济基础、生产力、生产关系和谐发展的社会变革和向外开放也都是今日科学发展的重要基础。

第五章

人类个体创新的智能“硬件”和“软件”

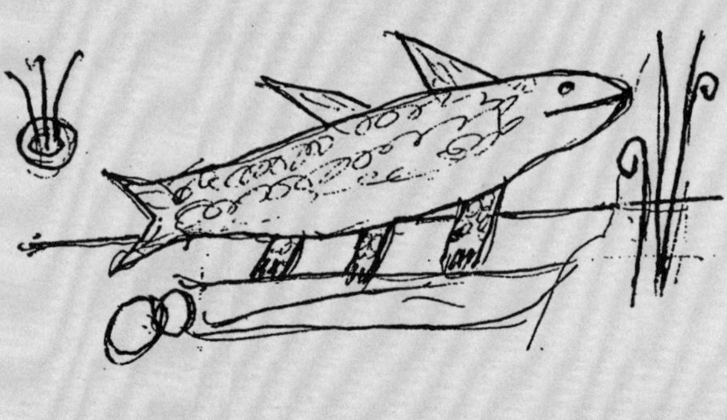

康德说:“大自然没有慷慨赐给人类以牛角、狮爪、犬牙等利器,也没有给人类现存的幸福。”但人类发展出了自己的智能。智,主要是人对事物的认识能力;能,主要是指人的行动能力,能作能为,而且富有成效的能力。“智”和“能”相结合,而为人类幸福奠定基础。

智能的物质基础主要是产生智慧的脑;创造万物灵巧的手;使人类摆脱直接经验“牢笼”,能像庄子那样“天马行空”抒发“逍遥游”豪情,像哲学家、科学家那样严密推演,……。我们把这些东西称为智能的“硬件”,而使硬件有效产生创新效能的“内心要素”称为智能“软件”。

一、人类智能器官——创造力“硬件”

创造的实质,一是物质变精神,创造精神产品;二是精神变物质,创造物质产品。这两者之所以可能,都是有人脑高级神经活动,有手与语言文字参与活动。

1. 对生存有好处的脑

人的大脑是意识和潜意识心理的载体;大脑还控制语言和手的活动。了解大脑的特点,对提高创造力无疑有积极意义。

(1) 脑和智能的演进。植物不动,不必有脑,没有任何植物会自己从一处跑到另一处。动物不同,它要游走四方,找东西吃——趋利;或迅速逃离天敌——避害。为了有利于生存发展,动物必须有一个反映环境情况,指导自己行动——追踪猎物,或帮助逃脱掠食者为害的器官，这就是脑。动物的脑，从低等的单细胞动物的向性(如趋光性)功能为起点，历经环境复杂变迁，大自然选择压力的促进，使生存上有好处的动物脑，不断得到完善，并发展成今天有高度创造潜能的人脑。

动物最初的适应性——向性和反射。最低等的单细胞动物，如草履虫、变形虫，有了原始的动物行为——趋向性。多细胞动物，如水螅、海葵，开始出现专门联系身体各个部分信息传导的神经细胞，并互联成一个神经网，形成了比向性更进一步的适应行为——反射。

本能是动物不学而能适应环境的特殊本领。昆虫的神经系统，已组织得相当好了。在头部形成了中枢神经系统的前驱，这里贮藏了许多有关觅食、生殖、防卫方式等奇妙机制，并在适当条件下，自动表现出来。如鸟筑巢、鸡孵蛋、蜂酿蜜等行为，都是本能。有人开玩笑说，因为有了本能，动物不用背着沉重的大书包去上学，不用家庭作业，也不用把成绩单交给家长了。动物本能是世代积累，通过基因遗传固定下来的。

有了脊骨的动物越来越善于学习。学习是指有机体为了适应生存环境，在后天获得经验和行为倾向的过程。这是动物跨出本能局限性的重要一步。恩格斯说："脊椎动物的主要特征：整个身体都聚集在神经系统周围。因此便有了发展自我意识等等的可能性。"(《自然辩证法》)自脊椎动物起，出现了真正的脑(延脑、小脑、大脑、间脑和前脑)，并产生了比感觉要复杂、高级的对外界的反应形式——知觉。鱼、蛙、鸟一直到猫、狗、猴都有脊椎神经，也就是身体背部有一条脊梁骨，中枢神经系统的脊索，移到了食道的背侧，藏在脊椎骨里和头骨构成的颅腔内，这就是脊椎和脑。从两栖类动物青蛙开始，脑有了最原始的两半球。爬行类动物的大脑两半球进一步发展，出现了大脑皮层。哺乳动物的大脑两半球和大脑皮层急剧发展，并更精细、复杂化，动物更善于学习了。从而本能成分越来越少，行为受后天个体经验的影响越来越多，适应环境的能力和创造性越来越强。

大脑还凭借手和语言文字的帮助，促进智力飞跃。从猿刚脱胎的人类，今天已无法见到，但可以从化石材料推断原始人类的心智水平。我国发现的北京猿人、丁村人和山顶洞人，分属早期各阶段的猿人。从与化石一起发现的遗迹中看到，他们已经能用天然石块加工成砍砸器、刮削器，甚至用兽骨磨制骨针。已懂得用火、狩猎，熟食和缝制兽皮衣，这些都是由手创造性地制作出来的。这些作品的智能水平与猿类不可同日而语。这说明手的活动对脑和智力的发展有重要的良性刺激作用。现代脑生理学、手外科、医学和运动生理学都指出，多活动手有益智作用。也就是说，手的活动促进了人类智能的发展。语言文字对脑功能的提高也是一种刺激物。我们看到，自从人类进入有文字的文明时代，个体的智能，可从文字所记录的全人类经验和知识总库的学习中获得丰富的负熵营养，人的创造力也就远远超出其他的非人类动物。

(2) 脑中之脑——人类心理活动的生理基础。脑的“洋葱头”结构如图 5－1 所示。自古以来人们对人脑的结构功能进行过很多猜测和研究，不过至今还没有穷尽它的奥秘。《黄帝内经》云：“心者，君主之官，神明出焉。”明代医药学家李时珍则指出：“脑为元神之府”、“泥丸之宫神灵所集”。清代名医王清任说：“灵机、记性不在心在脑。”正确认为脑是脑神经所在处，它聚集着人的精神。伽利略时代的生物学家马尔皮基，把神经系统想象为一棵倒立的树，树干即脊髓，树根扎在脑内。伸展到全身的神经就是树枝。19 世纪 40 年代至 50 年代，保罗・麦克莱恩把脑看作一种等级结构：

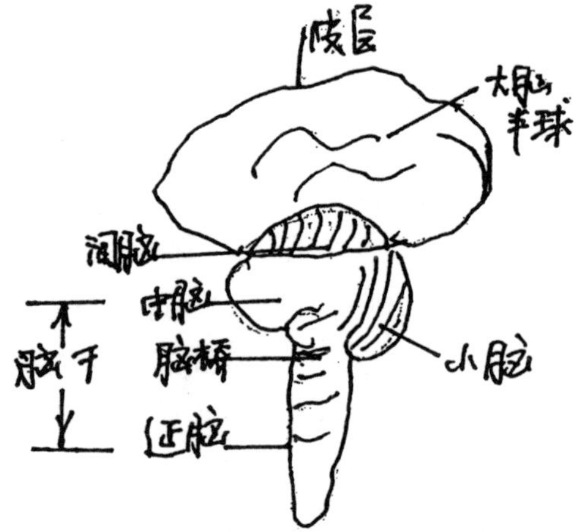

图 5-1　脑的“洋葱头”结构

最原始的“爬行类脑”，较高级的“旧哺乳类脑”，最复杂的“新哺乳类脑”。“爬行类脑”相当于脑干（延脑、脑桥、中脑的合称），控制内环境和本能行为。

“旧哺乳类脑”由中脑结构的边缘系统所组成，控制情绪行为。最外层的“新哺乳类脑”，也就是大脑皮层，居于脑的外层，主要用于思维。它覆盖在三重结构的外表面。脑的这种多层结构，有时形象地称为“洋葱头模式”。其实人的心理和精神活动取决于多层结构的整体功能。

（3）意识和潜意识原理。意识是人脑的机能。是人对自己身心状态与外界环境变化状态的觉知。意识以感知、记忆和思维为基础，以感性认识和理性认识为主导方面。除了认知，情感、意志也是意识的必要组成成分。无意识（潜意识），则是不能自我觉知的人的心理活动。

（4）弗洛伊德的个人潜意识。西格蒙德·弗洛伊德是位心理医生，在对大量精神病患者治疗基础上，提出了潜意识理论。他把人的心理比作一座冰山，意识就是露出水面的顶端部分。大部分心理活动是无意识的，就是冰山在海平面下深不可测的部分。无意识包含着大量的观念、愿望、想法等，这些东西，因与社会道德存在冲突，被压抑不能出现在意识中，不被人们察觉。这些丰富资源如能挖掘出来，则往往能产生第一流创意，问题是怎样挖掘与呈现。

弗洛伊德还说，人的个性是由本我、自我和超我构成的。本我是个性中原始部分，是婴儿出生时具有的初始系统。自我是在出生以后开始发展的，发展是在婴儿与环境接触时开始的。超我则是人道德方面的良知。弗氏认为，本我的本能和情感性驱动，是由超我的良知所控制的自我(意识) 所约束。“自我”充当“检察官”的角色。当“检察官”失去警觉时，“本我”中的潜意识信息会呈现在意识当中。有经验的创意工作者，善于利用这丰富的潜意识资源。方法就是使“检察官失警”——大脑放松，如打坐、睡眠状态，等等。

(5) 荣格的集体无意识。荣格是弗洛伊德的学生。他认为，潜意识中除了弗氏所说的个人潜意识外，还有集体无(潜)意识(见图 5 - 2)。所谓集体无意识，就是超越个人层次的所有人类共同拥有的东西，它在很大程度上左右着个人心理。荣格说：“我们的心理，有一条拖在后面的蜥蜴尾巴，这条尾巴就是家庭、民族、欧洲及整个世界的全部历史，自远古以来，无数次重复的祖先经验，积淀在人类心理深层，形成了心理结构中不依个人经验的集体无意识。”例如，人们有天生怕蛇和怕黑暗的倾向。这是人类自古以来在黑暗中受到惊吓，与遭毒蛇咬伤的痛苦经历代代相传使然。有些是直接经验，有些是传说故事，久而久之，将事实象征化，最后就形成了大家的集体无意识。任何民族都有很多观念、心迹存在于

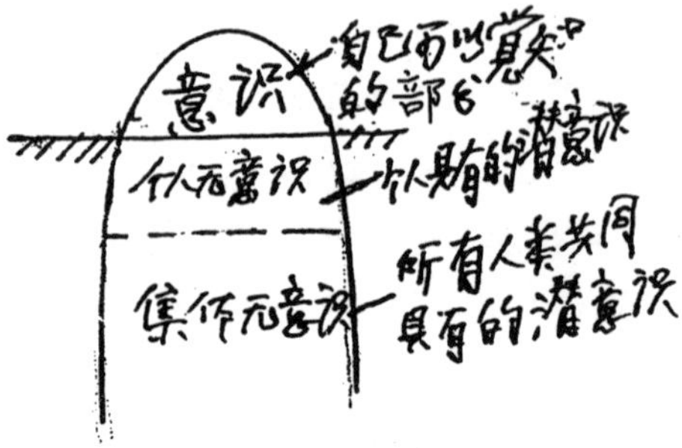

图 5-2 潜意识

潜意识之内，如太阳、大海、山、火、死亡、母亲等共同性、象征性东西，都成为集体潜意识内容。

(6) “用进废退”大脑意识部分的智能开发。生理学家格林菲尔德说：“年轻人大脑的适应性强，易受影响。对他们来说，关键的挑战，是要让大脑在特殊刺激下，和将要在那里生存的环境限制下发育和成熟。不论是丛林，抑或计算机的环境。”生理学指出，脑神经回路，是由脑细胞建立起来的。这些细胞的活动倾向，反映了人们必须适应其所处的生活环境。与某种环境相互作用所建立起来神经回路，逐渐变得更适于在这种环境中生存。有人用动物做过这样的实验：把鼠放置在一种多姿多态的环境中，那儿放置了许多玩具、踏车、梯子等好玩的东西。作为对照，另一些相似的鼠，被关在普通笼子里，在那里，它们所得的只有食物和水，没有玩具。过了相当长时间，检查两组鼠的脑，发现脑皮层区细胞连接的增加，只发生在多姿多彩环境中的鼠身上，而在普通笼子中的则没有增加。看来，特殊的体验，会增加神经细胞的连接程度。神经生理学家指出：对人而言，一种多姿多彩的环境，并不单指可得到更多的物质财富，或增加体力活动(如不停地跳舞，跳到精疲力竭)。关键因素是对脑进行什么样的信息刺激。如在对鼠的研究中,发现引起脑内巨大变化的,是由学习与记忆参与的活动。

2. 手,创造的摇篮

我们挟筷子、扣衣扣、按电脑键都要用手。搞创造发明,也离不开手。有人可能会说,到市场买标准件装配一下不就行了。对此我国加速器物理学家谢家麟院士说:仪器设备是创新研究的工具性物质基础。虽然今天许多设备已成为工业产品,但都是标准化的。而真正创造性的科学工作,往往难得找到合适的标准设备。这就要求实验者因陋就简自己动手制作。谢院士自己会多种焊接技术,会使用车床,做钳工。有的科学家还会吹制玻璃器皿。他们还能动手解决设备故障。所以说手是生活的工具,也是创造的摇篮。科学家谈家桢院士曾说:年轻人不仅要“想入非非”,还要勤于实践,别以为进入知识经济时代不用人类的双手就可以解决问题了,搞科技创新工作,始终要有手脑并用的能力。

手是心与物交,创造物质世界的工具。“人有两个宝,双手和大脑。”教育家陶行知说:“一切事情都要人做的,手到心到是真正的做。劳力不劳心囿于故常,不能开创新局面。劳心不劳力,玄之又玄,不能应用于实际。用心制力,在劳心上劳力,是一切创造之母。”钱穆说,“人和其他动物不同,主要在人有双手。其他动物,有时用四条腿,有时用一张嘴,有时用一条尾巴。至于植物,并此而无。人则能站起身来,运用双手十指。因此人之遇物,心灵运用更为灵活。也可以说人心之灵,因其有双手,而始更为易进步。”“心与物交必靠双手,而心与物交创造另一个物世界”。人类的手为什么有灵巧的创造力呢?

(1) 手的活动由脑指挥。动物的特点是,当有所动作时,大脑皮层的信号，从脊髓传出，引起某一动作部位肌肉收缩。手的活动也是由皮层指挥的。控制手指活动的皮层，在脑顶部的条形区域，横跨脑的两半球，有点像“束发带”。指挥运动的大脑皮层，被分派去控制全身不同部位的运动。皮层份额多与少的分派原则，是身体某一部位所作运动的精细程度。运动越精细，分派给它的相应脑区皮层份额越多。这样，在运动皮层上，与控制背部的区域相比，控制口与手的皮层区域要大得多。因为背部所做的运动没有手和口的运动那么精细和精确。由于口摄食、讲话，也都是很精确、精细的活动，所以手和口两部分被分配的皮层就多。如图 5 - 3 所示，生物学家用“重构人”的形象来说明这种情况。

图 5 - 3　重构人

(2) 手的创造力在能“对指”(见图 5 - 4)。手的创造力还可以从它精细的解剖结构看出来。翻开《新华字典》，带“提手”偏旁的 108 个字，无一不与手的运动方式有关。手外科专家指出，人类身体器官中最精巧部分是手的 19 块小肌肉。有了这些肌肉，人才可以干非常精细、灵巧的活儿。猴子吃桃是双手捧着吃的，这因为猴子拇指特别短，没有对掌、对指的功能。一只手拿不住东西。

对掌和对指。人能一只手拿住、握紧东西。人的拇指，可以转向掌心(称为对掌)，又可以转向其他手指(称为对指)。婴儿大约十个月时形成对指能力。对掌和对指是人手指最主要的功能。

抓握和非抓握。抓握是对一个固定或活动的物体由手指和手掌之间的抓握或捏的动作来把握。非抓握，包括手指的推举、叩、戳等动作。如打字或拨弄琴弦等。手是万能的，能作无数的动作，但概括起来有两种动作：精度抓握和力度抓握。

图 5-4 对指

（3）精度抓握和力度抓握。精度抓握是由抓握拇指的肉垫和其他指端肉垫之间的操作。用这种方法，握大的物体，需要所有手指的参与。握小的物体只需用拇指、中指和食指。精度抓握基本上应用于绣花等精微的抓握和精确的操作，这时力度是次要的考虑。力度抓握是在手指表面和手掌之间操作的。拇指起一种支撑和挟持的作用。有时，拇指给予导向的控制。因此，在力度抓握中也存在一定的精度抓握。正像精度抓握有一定的力度一样。还有如提很重的箱子，手指屈肌的钩式抓握和持香烟的剪刀式抓握等。

手是人类的"第二大脑"。手外科专家中科院院士顾玉东说，大鼠和人的基因结构大体相同，仅有 3%的差异。但在手拥有神经纤维的数量上差异却很大。大鼠前爪上有 3 万根神经纤维，而人手上有 100 万根，这是任何其他动物都无法比拟的。人也因此具有了最复杂、最特殊的能力——手和脑的联合互动能力。

（4）手脑互动益智健身。瑞典专家在研究手指活动和脑血流关系中，证明手指活动简单时，脑血流量约比手指不动时增加 10%，但手指做复杂、精巧的动作时，脑血流量就会增加 30% 以上。脑血流量相对增加了，就有利于思维敏捷。这证明了手和脑之间的密切联系。再从人的大脑皮层方面来看，手在大脑皮层运动区上所占的面积最大，几乎达到 1/4 到 1/3。因此手的高度灵活是和脑联系在一起的，这是人类特有的高度进化的结果。长期从事编织、刺绣的老妈妈，和手工制衣的老裁缝，一般都精神矍铄、长寿、少心血管疾病。专家告诫，人们应该养成这样的习惯：即使是在看书、休闲时，也要有意识地动动手指，以利益智。俗话说“心灵手巧”、“得心应手”，这里的“心”实际上就是指脑。这说明脑的创造性离不开手的帮忙互动。

3. 语言文字

语言文字是心与心交的工具。钱穆说，鸟兽只凭呼叫声来表达其喜怒哀乐种种内心情感，所能表达者有限，而其相互间之感染亦有限。因此，其内心情感极粗略，难进步。智的方面，只凭呼叫更嫌不够。如老鸡叫小鸡吃米，或叫小鸡躲避老鹰，只凭呼叫，不能明白告诉小鸡此地有米，或天上鹰来。因此，心心相通之可能亦有限，感情、知识两不能进，只能停留在最初阶段上。人类则凭有语言而感情日益纯挚，智识日益精明，心与心之交流日益畅遂。自有语言文字，于是心与心相通，心与心相交，因而创造了一个新的心世界——精神世界。

语言冲破直接经验的牢笼。韦尔斯在《世界史纲》里说：原始人“很少想到贴近自己以外的东西，最初他忙着想的是‘这里有一只熊，我应该怎么办？’或‘那里有一只松鼠，我怎样可以捉住它？’在语言有点发展以前，思想很少超越实际经验的范围”。D. 比克顿则说：“只有语言能够冲破锁住一切其他生物的直接经验的牢笼，把我们解放出来，获得了无限的空间和时间的自由。”这种情况，或许可以用“超以象外，得其环中”的成语来比喻。即语言可以帮助我们进行抽象思维，从而超然于物象的经验感性以外，达到凌空超脱的境界。马克思指出:“语言是思维的武器。”人类掌握语言以后,人的思维主要借助语言来进行。

语言创造内省的文化世界。人类学家 R. 利基说:“人类有了语言,就能在自然界中创造新世界:内省世界及我们创造的、并与他人分享的,我们称之为‘文化’的世界。”内省,是靠脑内推理,而把握事物。J. 林顿说:人的个体,借助符号可以解决问题,求得结果,而不必经过笨拙、外显的尝试错误过程。思维中使用的语词,酷似计算机使用数学符号。语词符号使我们可以在不实际完成具体行为的情况下判定结果。语言学家 A. 卢里查说:“人们通过语言可以把握比具体个人的经验更为重要的现实形态,并使思想驰骋在逻辑世界之中。”我们正是运用“仁”、“道”等语词哲学概念,推演孔、老,儒家、道家的哲学思想。科学语言符号 $E=MC^2$,则淋漓尽致地传达出爱因斯坦宇宙质能变化规律。这都是语词和内省推理的功劳。

文字可以把人类丰富的知识和业已验证的行为模式,世代积累传承下去,并不断集成为人类文化总库,从而人类个体可以从中得到丰富的负熵营养。人类如果只有口语,经验只能口耳相传,知识传递将“行而不远”。直到文字产生,才可能超越时空局限。如果说,语言的出现,是人区别于其他动物的标志,那么文字的出现,就表明人类开始进入前所未有的文明时代。

文字一经出现,转瞬即逝的语言声音,就可以记录下来。于是人类就有可能在文字材料的基础上,对所记载的思想成果,进行更高的抽象,从而极大促进人类文明的发展。如天文学家第谷,以观测见长。他把自己对天体——火星某时某刻在星空中的方位,成年累月的观测结果,作了忠实记录。他的接班人,长于数学的天文学家开普勒,面对第谷的大量杂乱无章的数据记录,作了严密的再三推敲，整理出了天体运动三定律。牛顿又根据天体运动规律，构造了牛顿力学体系。自从有了文字，人类创造，就不必代代重起炉灶，而可以形成叠加效应。原始的思想素材与文化精英的高度概括，有时并不发生在同一时代。而有了文字，就可以接力探索，使问题深化，形成的文献更有“以启后人”的意义。

二、构成人类创造力的心理要素——创造力“软件”

自 200 万年前，“人猿揖别”，人类发明创造越来越令人眼花瞭乱，而至今仍待在森林里的猿猴，虽然也有脑子，但它只有简单的动物智力——机械性的本能，并无人类那样机灵的创造性。其实，即使有了人类的脑、手等智能硬件器官，也未必有健全的人类智能，如“狼孩”、“猪孩”。人形器官俱全，却没有创造力，这说明智能硬件还要有其他东西相匹配，才有智能作用。看看电脑吧！硬件加上软件——算法，就有人工智能了。人类智能的“软件”，也就是人类意识、人的精神、思想。S. 阿瑞提说：“个人创造力根本上还在于创造者的内心要素。”健全的人都有潜在的创造力，因为他有健全的“内心要素”，即心有“灵明”、“精灵”。人死了，“内心要素”不存。王阳明说：“今看死的人，他这些精灵游散了，他的天地万物尚在何处？”

1. “内心要素”从人类创造活动的角度看，包含以下几方面：

(1) 人类敢闯的能动性是创造的原动力；

(2) 想象力是创造的源泉；

(3) 心灵自由是释放创造潜能的前提；

(4) 气质、智慧是创造力的底蕴基础；

(5) 创造者要有“识时务”的素养。

所谓智能“软件”的说法只是一种比喻。脑生理学家苏珊·格林菲尔德指出：高级机器人“死守一套程序化的装置——算法，而人的大脑，并不一定按算法运算。物理学家尼尔斯·玻尔曾训诫一个学生‘你不是在思考，只是在作逻辑推理’，事实上根本没有外部的智力为大脑编程”。人的思考神灵精怪，机器无法比拟。

2. 人的能动性——知情意本质力量是与天地同育万物的原动力

打天下治天下的创造性人物，首先要有开拓者的敢闯精神。《史记·高祖本纪》：高祖常徭咸阳，纵观，观秦皇帝，喟然太息曰：“嗟乎，大丈夫当如此也！”老凤祥金店打造了“三百标杆企业”：百年老店、全球业内百强企业、实现百亿销售总额。其背后成功奥秘，总经理坦言：只有发扬敢想、敢做、敢突破的三敢精神，在创新中传承，老字号才有生命力。老凤祥创建了“原创设计大师工作室”，近年完成 705 项专利，年产品更新率 34% 以上。设计中心汇集了中国最年轻的国家级工艺美术设计大师。每年都派设计师们到拉斯维加斯、巴西、意大利等行业展参观学习，同时和世界黄金协会、铂金协会经常交流沟通。老凤祥“敢”字当头，才形成了“三百标杆”。

与敢字当头相反的是贾桂思想，总觉得自己不行。贾桂是明代宦官刘瑾手下的太监，别人让他坐，他说站惯了。“敢”字还是“怕”字当头，都是人知情意本质力量因素的表现。

(1) 猪、猫、狗和死了的人没有创造力。公元前 3 世纪，古希腊哲学家皮浪有一次在海上遇到暴风雨，眼看快翻船了，他指给旅伴看船舱里一头猪仍在安详地继续吃食，并说，它放弃了判断与努力。19 世纪美国心理学家 W. 詹姆斯说过类似的话：猫儿、狗儿在我们的客厅和书房里玩耍，却全然不懂我们活动的意义。猫狗猪没有知情意，人则了解自己活动的意义，人有知；船之将倾，会有惊恐，人有情；人会作出使之不翻船的努力，人有意志。

全面支撑人活动的东西，无疑是精气神，而“神”又包括知情意，就是“我的灵明”。王阳明说：“我的灵明，便是天地鬼神的主宰。天没有我的灵明，谁去仰他高？地没有我的灵明，谁去俯他深？鬼神没有我的灵明，谁去辩他吉凶灾祥？天地鬼神万物离却我的灵明，便没有天地鬼神万物。亦没有我的灵明。今看死的人，他的天地万物尚在何处？”“我的灵明”就是知情意，人的精神力——人的主观能动性，它是人身上与天地同育万物的原始动力。上述王阳明的说法并没离谱。从人的创造活动来说，确是先有“灵明”——心的创意，然后有人为的万物。若失却知情意的“神”，失去“灵明”，就如猪、猫、狗和死了的人一样，失去创造力。

(2) 知情意同人的本质力量的联系。哲学家冯契指出了知情意同人的本质力量的联系。他说：“人的本质力量是知情意……人的本质力量是理性(知)与非理性(情意)的全面发展。”那么，实现人的本质力量有什么意义呢？这可从天地人的关系来看。《中庸》说：“唯天下至诚，为能尽其性；能尽其性，则能尽人之性；能尽人之性，则能尽物之性；能尽物之性，则可以赞天地之化育；可以赞天地之化育，则可以与天地参。”“性”即本性、本质，火必炎上，水必润下，附子必大热，大黄必泻下，这是物性。人有知情意，有创造的潜力，这是“人之性”。“至诚”，可理解为人进取的本质力量的充分发挥；圣人的本质力量充分发挥了，就可以促进天下人本质力量的充分发挥；天下人的本质力量充分发挥了，就能够促进万物发挥自己的作用；促进万物发挥自己的作用，就能与天地并立而三了。也就是人的本质力量，是与天地同育万物——进行人为创造的原动力。钱穆说：古人以天地人为三才，此即指能创造世界，完成宇宙之才。天地在那里不断工作、不断化育，而人亦能之。

(3) 人能动的本质力量，在远古和文明时代历史创造中的表现。史家指出，远古时代人的创造，体现在集体力量的巍巍然。古埃及的金字塔，巴比伦、印度的大石门、中国的青铜饕餮、玛雅的图腾柱……黑格尔称之为象征艺术的种种，都以粗犷巨大、艰难、宏伟，给人以巍巍然的强烈感受。它们是远古时代人的观念、情感，主观能动性——人的本质力量的体现。同时又是人类集体劳动的结晶，而不是任何个人的自由创造。

文明时代，孟子则强调个体的“圣”和“浩然之气”。孟子说：“说大人则藐之，忽视其巍巍然。”根据孟子对“圣”的说明，“圣”的特点有两：一是人格美：“仰不愧于天，俯不怍于人”、“富贵不能淫，贫贱不能移，威武不能屈”。二是“圣”还集前代之大成，作出划时代创造，表现为一种非巧智所能达到的力量，而成为百代楷模，具有极大的化育力量。“圣”的力量在于“浩然之气”。孟子说：“我善养吾浩然之气……其为气也，至大至刚，以直养而无害，则塞于天地之间。其为气也，配义与道，无是馁也。”这里，外在物质的气(生命力)是由内在精神的“义”与“道”集结凝聚而成。这正如荀子所说：“本始材朴也；伪者文理隆盛也。无性，则伪无所加；无伪则性不能自美。”(《礼论》)“性”是事物的本性，“伪”是人为。“无伪不能自美”——在自己的身上加力雕凿——学习、修养义与道，才能自美。人能自美，而后有下面所说的“三不朽”自由创造。

古人还歌颂人类主体创造力之伟大：“北海则有走马、吠犬焉，然而中国得而畜使之；南海则有羽翮、齿草、曾青、丹干焉，然而中国得而财之；东海则有紫紶、鱼、盐焉，然中国得而衣食之；西海有皮革、文旄焉，然而中国得而用之……故天之所覆、地之所载，莫不尽其美，致其用。上以饰贤良，下以养百姓而安乐之。夫是之谓大

神。”(荀子·《王制》)

对人类主体的历史性创造，古人还有“三不朽”概括：“太上有立德，其次有立功，其次有立言，虽久不废，此之谓不朽。”(《左传·襄公二十四年》)“不朽”在于有不可磨灭的贡献。孔颖达作注曰：“立德，谓创垂法，博施济众；立功，谓拯危除难，功济于世；立言，谓言得其要，言足可传。”“三不朽”揭示了历史车轮推动者，缔造文明，创新社会的角色特点。

汤因比谈到世界其他地方的历史创造者有类似情况，在《历史研究》中说：“当年在北美中西部瑞奥格兰德河，以及科罗拉多河进行了奇迹般的治水工程。拓荒者装备着从世界一边带来的文明资源，美洲的这条大河经他们的手所产生的奇迹，足以同埃及和苏美尔的灌溉工程师们一度在尼罗河、幼发拉底河创造的奇迹相提并论……治水者除了拥有技能之外，还有一种精神，即把这些技能运用到给他们机会的地方。”汤因比又说：“人类的关键装备，不是技术，而是他们的精神。如果人类没有想象力，没有创新和持之以恒的精神，最重要的是，如果没有自控能力，没有这些为开发有利于人类的某些地理潜能所要求的精神。那么再好的技术，其本身也不能使人类完成这项工作。就人类而言，决定的要素，对胜败举足轻重的要素……是人类对来自整个大自然的挑战进行应战的精神。”

总之，人类文明的创造，要有人的本质力量——主观能动性的发挥。这有三个特点：一是“人格美”，具有与来自整个大自然挑战的应战精神，即敢闯的精神，充满浩然之气。二有集前代大成的智慧能力，而能作出划时代创造——“三不朽”贡献。三是人类主体力量自身要不断学习修养，“加力雕凿”，保持精神和智慧能力的先进性。

(4) 个人出众的创造力与“雕凿自美”励志修养的关系。一个人要在当今创新潮流中作出成绩,同样要有精神和能力智慧的修养学习。在 30 多年新长征中,我国涌现出的先进人物,无不具有“至诚”的、对贫穷落后挑战的应战精神。尤其是“两弹一星”和打造新飞机的罗阳型先进人物。如波普所说,他们既以科学为职业,更有爱国之心。职业精神与爱国情怀交融,铸就了中国创造力创生与驾驭者“人之性”特点。因此,我们在发展速度方面要比人家快。在有些国家的 CEO,疯狂的“职业”赚钱本性是常态,但有一些世界著名公司个别 CEO 也有个人的性格特点,如苹果公司的史蒂夫·乔布斯生死观方面的境界很高,他的底线是“明天我不在这个人世了”。假如明天不在了,他今天可以让自己有充分的想象空间,做自己想做的有价值的事。这就是他创造的源头。如 IPOD,IPHONE、苹果电脑,都是在乔布斯的带领下发明创造出来的。乔布斯的创造性不是与生俱来,而是出自“雕凿自美”——个人励志修养的结果。他自己说:“我 17 岁时读了一则这样的格言:如果把每一天都当作生命中的最后一天来过,总有一天你会发现自己是正确的。这句话让我印象深刻,从那一刻起,在过去 33 年中,我每天都会对着镜子自问:‘如果今天是我最后一天,我会做我今天打算做的事情吗?’提醒自己快要死去,是我能够帮助自己做出重大抉择最有效的方法。所有外界期望名誉所有对穷迫或失败的恐惧,都在死亡面前消失得无影无踪,只留下真正重要的事情。提醒自己将要死去,是避免陷入得失陷阱的最佳方法。你已经净身出户,没有理由不跟随心灵的方向。”乔布斯曾患胰腺癌,作过肝移植手术。医生建议安排后事。对此他说:“有时生活用砖头敲打你的头部,但是不要失去信心,你深爱着你所做的事情是使你不断前进的唯一理由,对此我深信不疑。”

3. 怎样培养和发展人的本质力量

(1) 人生要有梦，理性勾画目标。一位哲学家说，一个人偶然被抛到这个世界上，成龙？成虎？主要靠自己去挣扎。人的成功又离不开“才、力、命”三要素。“才”是个人禀赋，“力”是后天努力，“命”是机遇。“梦”是综合考虑三要素提出来的此生努力目标。

1959 年中国体坛第一个世界冠军容国团有一句振奋人心的名言：“人生能有几回搏！”为国家多拿金牌，是大多数中国运动员的梦。勾勒目标，就是要明确自己的人生使命。使命的提出有两个因素要考虑：一是环境的需要与可能；二是自身条件。如生活在原始时代的人，只能提出做一把石刀，想捉小动物来吃，等等。那时想要造一把机关枪、造 24 层楼国际饭店之类的梦既不可能提出，更不可能实现。在计划经济年代，个人想开一家公司、赚一万元钱，也是不可能的。这就是要理性地估量环境的现实需要和可能；同时也要理性地估量自身，知道“我是谁”。英国作家乔治·奥威尔目睹一男童挥鞭驱策一匹高头大马，他想，牛马如果知道自己的力量比人大，情况又会怎么样呢？其实，牛马只有拉车或快跑的“才”，或被战死，耕田劳作死的“命”，因为它们都没有学习“义与道”，不会“雕凿自美”提升自己灵气，使之有“浩然之气”的“力”。理性估量自己是很要紧的，如京剧麒派鼻祖周信芳，本是哑嗓子，他理性估量自己，而把这个不利条件转化成了自己独特的哑嗓一派，别具一枝，成为我国京剧四大名须生之一。如他不实事求是，硬要唱梅兰芳的旦角，肯定砸锅。总之，对才、力、命有理智认识，然后“造梦”，并加倍努力，成功就有希望。

(2) 要学会仰观俯察，学会剖析自己，会“独思”。清华大学原校长梅贻琦曾说，学生要学会“独思”：纵观历史之悠久，俯察品物之盛大，而自审其人生应有之地位。一位文化学者就此问题在台湾成功大学对医学院学生说：一个没有能力仰观宇宙之大，俯察品物之盛而对自己的存在状态有所思索的人，会是一个几流的医生？明人张溥称王羲之有远见卓识，其书札“诚东晋君臣之良药”。他的远见卓识是怎样来的呢？《兰亭集序》回答了这个问题：“仰观宇宙之大，俯察品物之盛，所以游思骋怀，足以极视听之娱……”人永远生活在时代和社会的大潮中，学会仰观俯察时代大趋势，是为了对自己的“存在”状态有所思索。

(3) 要有使命感。使命是庄严重大的任务，“使命感”是决心完成庄严任务的心理状态。普列汉诺夫说：“社会发展从来不是自行发生，而是始终要由人来干预的，因此人们负有伟大的社会任务。”《史记》曰：“太史公遭李陵之祸，幽于缧绁。乃喟然而叹曰：‘是余之罪也夫！是余之罪也夫！身毁不用矣。’退而深惟曰‘夫诗书隐约者，欲遂其志之思也。昔西伯拘羑里，演周易；孔子厄陈蔡，作春秋；屈原放逐，著离骚；左丘失明，厥有国语；孙子膑脚，而论兵法；不韦迁蜀，世传吕览；韩非囚秦，说难、孤愤……此人皆意有所郁结，不得通其道也，故述往事，思来者’。”司马迁在牢房时而坐，时而起身踱步，是一了百了，还是忍受宫刑奇耻大辱？是为了自己尊严只求一死，还是为了那支笔、一个家族的气节苟且偷生？“我是谁”？他问了一遍又一遍。“我是史官！”坚定的回答在天地间回荡。在尊严和使命的痛苦选择中，他认清了“我”的使命，便秉笔疾书，写成了一部伟大的著作《史记》。人的生命只有一次，人人有必要自审此生应有之品位，加紧努力，不虚度生命。

4. 想象力是创造活动的源泉

人的大脑，不仅能感知到现在的事物，回忆起过去经历过的事物，而且还能在现在和过去的知识、经验的基础上，经过其思维加工，构成没有经历过的事物的形象。这种能力就是想象力。大脑的这种思维加工过程，就是想象过程。意大利帕多瓦大学的奥托尼诺·皮奇纳托说："所谓的创造性，就是看到不同事物的联系和可能存在的潜力，其他人都看到了同样的事物，但是没有想到这些"。畅销书《哈利·波特》的作者J·罗琳说：想象力是人类独有的设想未来的能力，它还是所有发明创造的源泉。爱因斯坦说：直接领悟（想象、直觉、灵感），是上天给我们的神圣礼物；理性思考是它的忠实仆人。我们的社会居然把一切荣耀归于仆人，却忘记礼物的存在。马克思说：想象力是"十分强烈地促进人类发展的伟大天赋"（《马恩论文艺》）。建立汉帝国的刘邦，是极有天赋之人。《史记·留侯世家》说："良（张良）数以太公兵法说沛公，沛公善之，常用其策。良为他人言，皆不省。沛公其机常活，故极灵，灵则智生。"这灵、智就是能举一反三、闻一知十，触类旁通的省悟力，也就是打天下、治天下的想象力、创造力。史家认为刘邦的悟力，远胜项羽、李世民、朱元璋。其实凡有开拓创造，必有想象力提供整体视野依托。哥伦布谋划东方探险时说：地球既然是圆的，我们向西航行，也一定能到达东方。新时期我国基本国情是一穷二白，邓小平仰观俯察国情、世情，体察到：境内无资金、技术，那就打开国门吧！在美国南北战争时期，林肯了解，第一要务是保卫联邦，而不是解放黑奴，有联邦才有黑人的自由。这里既有历史感，又富有想象力。实际上，人类自觉的创造活动都离不开前瞻想象力引领。18世纪的英国哲学家夏夫兹里说：天帝是一位至上的造型艺术家，真正的诗人是一位第二造物主，他的作品就是第二自然。而康德则说："想象力（作为创造力的认识功能）有很强大的力量，即根据现实自然所提供的材料，创造出仿佛是一种第二自然。在经验显得太平凡的地方，我们就借助想象力……将经验的面貌加以改造，造出和自然另样的，即超自然的东西。"

(1) 人类社会,是在借助想象力促使物质生产力和精神生产力都“硬”的情况下发展起来的。人类社会的发展物质生产力和精神生产力是相互影响的两块基石。人的想象力、预见力、创造力要集中在过硬打造好这两块基石上。

第一个“硬”是创造过得硬的物质文化,从根本上推动社会发展。发展强大的物质力量是我们繁荣和强大的基石。近代欧洲,从文艺复兴砸枷锁起,一方面内部进行科学革命、工业革命、政治革命和理性启蒙运动;一方面又向外开拓,收罗全世界的物质和文化资源,一个个变成了近代工业强国。反之,千年不变的国家则纷纷沦为殖民地和半殖民地,任人鱼肉。现在有些国家之所以牛,航母群到处开来开去,主要也是仰仗其过去发展的强大物质力量。

(2) 第二个“硬”是创造鼓舞人类生存斗志的精神文化。马克思在《摩尔根“古代社会”一书摘要》中说:“在野蛮期的低级阶段,人类的高级属性开始发展起来。……想象,这一作用于人类如此之大的功能,开始于此时产生神话、传奇和传说等未记载的文学,而且给人类以强有力的影响。”加强文化力自古如此。据王国维考证,在周初受到高度重视的《大武》乐,是以周武王克殷为题材的大型歌舞剧。全剧由六部分组成,第一部是“北出”,即周人由汜水北渡,向殷都进军。大场面之一是总干(持矛)而山立(如山一般岿然不动)。第二部分“灭商”,舞容为“发扬蹈厉”,表现英雄杀敌。第三部分为“南”,即克殷后,向南用兵。第四部是“南国疆界”,即重新划定南方诸国疆界。第五部为“周公左,召公右”,即周公主陕而东,召公主陕而西。第六部是“复缀以重天子”,即功成事遂,向天子山呼致敬。乐舞反映了周克殷的生动、庄严、威武、雄壮的场面,这无疑会大大激励、提升经历这一历史壮举的人们的士气。再如,唐朝的《秦王破阵乐》是李世民为秦王时,征战四方,破灭刘武周时，军中便有此乐，后又有《秦王破阵舞》，史称其舞象及音乐“发扬蹈厉，声韵慷慨”，是唐代最著名的歌舞大曲。现代大型歌舞剧《东方红》、《长征组歌》、《义勇军进行曲》、《黄河大合唱》，等等，也都是鼓舞战斗意志，给今天的人们继续不断向前进“以强有力影响”的重要文化力。反之，文化力疲软，甚至瘫痪，就一定会阻滞或瓦解生存力、发展力。

(3)“意在笔先”，还是浑浑噩噩，关乎前途命运。王羲之在《王右军题卫夫人笔阵图》中有“意在笔先，然后作字”的句子，这话可进一步引申：包括创作书法在内，进行任何创造性活动，总是要在融会知识经验基础上，先有构思想象，再动手做。马克思曾说：“蜜蜂建筑蜂房的本领使人间的许多建筑师感到惭愧。但是最蹩脚的建筑师从一开始就比最灵巧的蜜蜂高明的地方，是他在用蜂蜡建筑蜂房之前，已经在头脑里把它建成了，——即已经观念地存在着。”这也是“意在笔先”。杰尔姆说：“想象力是构想无法直接看到的物体画面（意象）的能力。”动物则不会创造，因为不会“意在笔先”，不会想象。狮子、老虎不会构想自己的发展宏图，它们就只能继续待在草丛中，过这些物种出现以来就有的独来独往的生活。蜜蜂筑巢仅凭本能，它并没有什么奇思妙想，筑的巢都千篇一律。人的想象力丰富，才能创造出千姿百态的人类生活。既然动物社会并无引领奔向自己发展目标的想象力，也就只能浑浑噩噩随“适者生存”的大流和自己的动物性只求其存在了，而不能主宰自己的命运。世上有些不会搞仰观俯察、妙悟想象的人，和商家团队以至国家社会，其不能主宰自己命运，情同此理。

(4) 想象力缺损的救失：一要见多识广，二要避免“一根筋”和“有色眼镜”。从“制造大国”到“创造大国”，关键在提升想象力。据乔治·梅森大学的统计资料，显示出世界专利数量的不对称状况。如稍早的资料说,印度斑加罗尔和中国上海,都离创新前沿地带有一定距离,而专利数量与想象力丰歉有关。

想象力救失的途径之一,在见多识广。即扩大视野,打破故步自封的习惯思维。若咨询负熵滋养欠缺,就会如在"桃花源"中"不知有汉,无论魏晋",更不要说争得前沿领导力了。诺贝尔化学奖得主依野良治答上海《文汇报》记者问如何拔尖时说:要站在前沿,多看文献,要参加高水平的相关学术会议,掌握全球最新研究动向,等等。有位书法家就当代书法景况说:当今一些年轻书法家,书写技术不逊于前人。有的楷书作品,在技术上不亚于文徵明。但格调不高,是当今书法的通病。匠气、俗气之作品多,大气、灵气、有精神气的作品少。书法格调低下的根源,在书法家缺乏审美修养。提高书法家的审美品位,才是提高书法境界的根本办法。造成当今书法家品位不高的原因是"孤陋寡闻"。古今中外的好东西要多看,不要几十年就埋头当年老师要你临的帖。要放眼看世界,看中外艺术大师的作品,只有见多识广,才体会得出审美品位的高低。"老字号"求发展,也在见多识广。上海"老字号"比较集中的淮海路,其再续商机焕发青春诀窍之一,说来简单,就是区商委指导各家老店学会运用了互联网,各自搜索有关自己业务的全球新信息,推陈出新。改善经营。

想象力救失的途径之二,是从"一根筋","有色眼镜"的思维中解放出来。例如"攻克柏林"指挥部队占领纳粹国会大厦的苏联英雄卡图佐夫,曾在红军摩托化学院学习,掌握了大量坦克作战的书本知识,在一次毕业验收演习中,卡氏指挥 T－18 坦克分队,不顾"敌方"挖掘的堑壕,超过己方坦克的跨越宽度,采取近乎野蛮的"坦克当桥"方式,硬是将分队坦克开过筑垒地域。国防部长称赞他是"库图佐夫式指挥员"。二战期间,他指挥的部队,击毁了纳粹无数坦克。这个例子说明指挥员率性率情敢闯，充分发挥人之性的本质力量，又能从实际出发，敢把“战法教程”条条框框置之脑后，为了胜利，“怎么都行”，就能取胜。

5. *心灵自由是释放创造力潜能的必要条件*

豺狼虎豹在奔袭追逐猎物时，都会率性、率情，最大限度地发挥自己的猎技。如给它们身上加个一百斤的重物，还能跑得快吗？人的潜力的发挥，最忌背上无形的精神包袱。如古埃及人之痴迷来世，中世纪人受宗教裁判所高压，春秋时期宋襄公在战场上用“仁义道德”思维，三国时期马谡用“唯兵书论”教条指挥打仗。新时期有人用“两个凡是”指导工作，或背负其他“理障欲蔽”，或用不合时宜的小农心态掌控、管理现代巨大创新经济，而由此生发各类严重事故和对假冒伪劣监管不力等事件。总之戴着精神枷锁的人，很难发挥独创性和有声有色参与世界角力竞争。《文心雕龙》说：“神思（想象力）方运，万涂竞萌，规矩虚位，刻镂无形。登山则情满于山，观海则意溢于海。我才之多少，将与风云而并驱矣。”神思——想象力之所以能这样天马行空，有个条件：想象要心无羁绊，心灵是自由的，能率性、率情、率真、率善、率美地自由腾越。反之，背上精神包袱，就如豹子背负重物，必然影响天然本性的发挥。有些运动员有时患得患失而出不了成绩，也是明证。

成大事业者要有“生命之充沛，元气之无滞”——心无绊羁。再以刘邦为例：《史记》曰：“沛中之豪杰吏，闻令有重客皆往贺。萧何为主吏，主进（进——礼金）令诸大夫曰：‘进不满千钱坐之堂下。’高祖为亭长，素易（平易近人）诸吏，乃绐（欺哄）为谒曰：‘贺钱万。’实不持一金。谒入，萧何曰：‘刘季多大言，少成事。’高祖因狎（亲近而不庄重）侮诸客遂坐上座。”史家评曰：其生命之挥洒无赖，其足以俯视一切，亦非任何成规所能束缚。刘邦之超然礼义者，则在其原始生命之灿烂。

一位舞蹈家说：你的创造力、想象力是跟你头脑的自由度成正比的。20 世纪 80 年代，我国开始新经济探索，中央点名袁庚去搞广东蛇口——中国第一个经济特区。这是考虑到了袁庚的背景，他是游击队出身，后来从事涉外安全事务，从未涉足经济方面工作，没有计划经济条条框框束缚。无独有偶，日本前首相吉田茂在《激荡的百年史》中说：“在日本文明开化前期的推动者，都是在幕府翻译部门研究西方的人，如大隈重信等人，他们都是武士出身，没有从事经济活动的经验，但这样的经历在他们从事新的经济活动时，反而成了有利条件。这是因为从事新的种类的经济活动所需要的才能，就是一种冒险精神和探索精神，而没有什么能够束缚住自己的经历和传统的旧武士，更能大胆地接受新的事物。”

比爱因斯坦知道得更多的科学家，大有人在，为什么平平庸庸无所作为呢？古希腊葛第士，用非常复杂的方法在战车车把上打了一个结。直到公元前 374 年，还没有人解开它。这时亚历山大率军入侵小亚细亚，来到葛第士的绳结前，不加思索拔剑砍断绳结，他舍弃了通常解结的思维路子直接了断。那么搞创造活动是不是都要有亚历山大那样的才智呢？创新活动仅仅适合少数出类拔萃而被公认为天才的人物吗？著名物理学家 D. 玻姆认为这不完全是需要特殊才智与否的问题。因为许多有高度才智的人，仍然平平庸庸。例如数学上比爱因斯坦好、在物理学上比爱因斯坦知道得更多的科学家肯定大有人在。玻姆认为差别在于爱因斯坦具有创造性的品格。那么什么是创造性的品格呢？

心灵自由是创造性的重要品格。这种品格首先表现在“不唯书，不唯上”，不搞教条主义。玻姆说，创造性工作总归首先要有创造性的心灵状态，这就是自由的心灵状态，要像在出生后头几年的婴儿那样，在学习行走、说话，在其周围世界里认识道路的过程中。他不唯书、不唯上，“就是靠尝试一番再看看结果”——只唯实。他依此去探索行事。而随着孩子的长大，在学校里他靠死记硬背了，以便通过考试，等等，于是他原本洞察事物的能力，逐渐衰退。玻姆说，数千年来，人们一直被引向这样的信念：只有当人有了正确的规范和方法，方能成事。其实这样的想法会使心灵很容易舒舒服服滑向机械模式中去。“某些事能够靠技术规范和公式办事，但独创不在此例”。“带着枷锁跳舞是不会出现曼妙舞姿的”。在创造过程中教条主义、本本主义无能为力。“认识这一点便孕育着创造性”。其次，创造性品格还表现在思维的主动求知求悟。心灵自由要求“人在面对他来说原本很宝贵的某些思想观念可能被推翻，尤其是人们在同熟悉事物打交道时，抱习以为常的态度、按习惯方式处理问题，很少用心去关注是否有新的东西发生了。这种态度在创造性工作，如科研工作中，是不能容忍的。创造性要求人，专注警觉，‘在意’于捕捉稍纵即逝的新信息，并能够看出新的不熟悉的东西，在这种心灵下，从中体察实际所发生的、与根据已有知识推论的事情之间有什么差别，于此产生说明差别的新概念、新理论等创新成果”。

(1) 心灵并非绝对自由。

第一，心灵受到社会环境因素的制约。罗马帝国后期至公元15世纪这一千年，是欧洲的中世纪，被称为“黑暗时代”。相对于古希腊、古罗马，当时“城市很快衰落了，街道上长着蔓草，公共学校关闭了，文学艺术和科学方面也同样衰落。艺术上没有什么杰作产生。在这个时期大部分时间里，文化变迁是向下的”(海斯·莫恩·韦兰《世界史》)。比起古希腊、古罗马的鼎盛期，中世纪创造力衰退显而易见。

欧洲中世纪为什么会有创造力与文化衰落呢？这与心灵不自由的大气候有关。据 1922 年出版的 H. 房龙所著《人类的故事》说：“那时社会上只允许两本书，一本是圣经，一本是亚里士多德的百科全书。人们用此解释天地间一切事物。当时的人界精英，或者称为经院哲学家，他们仅仅是从书本上，而不是从实际观察中获得知识。如果他们要讲授鲶鱼或毛虫，他们就去阅读新、旧约全书和亚里士多德著作。他们不会出门到最近的河里捉一条鲶鱼来观察，也不会到后院捉几条毛虫来看看”，“间或有一个像 R. 培根那样喜欢寻根究底的人出现在学者们的研讨会上，并用他自己带来的放大镜做实验。真的把鲶鱼和毛虫带进了教室，证明它们与圣经和亚里士多德所描述的不同，在座的经院哲学家们，对此不屑一顾，摇头表示异议：培根走得太远了！他们还到宗教裁判所指控。可怜的伽利略被捉去关起来，知名科学家迈克尔·塞尔维特在长期审判后，让他在火刑柱上，因他的异端邪说被烧死”。中世纪社会僵化，心灵不自由，就不会有奇思妙想的新东西存身，文化暗弱，历史倒退。

社会因素对心灵制约，除了宗教裁判所强力有形因素外，还有传统民族文化中保守的东西的负面影响。如前述古埃及人眷恋木乃伊制作，并大规模建造死后陵墓，醉心他世看轻今生等。其实这种情况差不多每个民族都有。如斯坦夫里阿诺斯说，在中国传统思想的保守部分，“尊重过去，轻视现在，尊重已确定的权威轻视变革，从而使它成为保持各方面现状的极好工具。这一点有助于说明为什么中国尽管最初在发明造纸、印刷、火药和指南针方面取得了辉煌的成就，但后来却在技术上落后于西方。中国人在作出这些早期发明之后，未能提出一系列科学原理”。今日提倡“与时俱进”，这正是纠偏的极有针对性良药。

第二，认知因素对心灵的制约。战国时期荀子有《解蔽》论，指出人类认知方面闭塞的种种情形。“蔽”就是“智障”和认知因素制约。“一根筋”思维和“有色眼镜”之类是人们常犯的“智障”之蔽。

英国有两位彼此相隔300多年的培根，也有类似论“蔽”的看法：R. 培根（1214—1294）的“愚昧论”。他说愚昧有四种原因，一是脆弱而不适当的权威树立的范例，二是习惯的影响，三是无识群众（伽利略指“群氓”为不信望远镜观察到的事实，而用强词夺理诡辩的道理，用仿佛是魔法咒语想把木星的卫星咒跑的哲学教授们），四是炫耀外表的智慧之中的愚昧。F. 培根（1561—1626）认为，在人心里往往存在着一些倾向于无知与谬误的心理障碍，培根称之为“假象”，“种族假象”起源于先入之见，“市场假象”起源于语言、言词眩惑，而使哲学流于诡辩而变得无力；“剧场假象”，起因于哲学体系的古怪，亚里士多德和经院哲学家是培根常举的例子；“洞穴假象”，是用“有色眼镜”看问题。

孔子提出“毋四”之说：“子绝四：毋意、毋必、毋固、毋我。”宋代张载解释说：“意，有思也；必，有待也；固，不化也；我，有方也。四者有一焉，则与天地为不相似。”张载认为，意、必、固、我都是先入为主的思维定式。人们如果心存臆度（有思）、幻想（有待）、固执（不化）、偏见（有方）中任何一种，都会产生认识上的片面性，使主观与天地万物“不相似”。没有固执，没有偏见，就不会在认识上瞻前顾后，而能保持通达。

（2）怎样获得心灵自由。

第一，要像楚人那样提倡质疑精神。宋襄公与马谡都吃过思维定式、思想僵化的亏。反之，楚地（今湖南、湖北地区）之人老子、庄子、屈原均有质疑精神（冯友兰认为庄子也可算是楚人），便表现出极大的创造性。如屈原《天问》对于一切人神传说皆加质问。对宇宙之所以发生，日月之所以运行，直接提出问题。冯友兰认为：“楚人为新兴民族……楚人不沾周之文化利益，亦不受周之文化之拘束，故其人多有极新之思想。”楚人，他们并不是没有“认知结构”，而是能对传统“皆加质问”，质疑，这是非常可贵的思维品质。

创新过程中，如拘泥于旧的认知结构，不加质疑的话，旧结构就会变成“有色眼镜”，而生“智障”，即使你梦寐以求的新事物碰到鼻尖上了，有色眼镜也会看不到它而放弃。如化学家普里斯特列、舍勒，在氧气化学的研究中，就被已有的错误“认知结构”——“燃素说”束缚了思想，而认识不到业已在自己的实验中出现的新元素——氧。门捷列夫虽然为制约元素周期律的原因百思不解，但当电子和放射性被发现打开周期律的原因的迷宫时，他却由于坚持元素不能转化的观念，极力否定电子和放射性。事实证明，科学要创新发展必须在头脑里建立新的更深化的自然图景（认知结构）。否则陈旧的观念只会成为智障扼杀创造性。道尔顿和卢瑟福则通过大胆想象，抓住新发现的粒子现象，提出深化了的原子论。

第二，要像开普勒那样唯实。从毕达哥拉斯时代起，人们就认为匀速和圆是最完美的，上帝创造的星球必定也是按圆形和匀速运行的。开普勒之前的天文学家托勒玫、哥白尼、第谷等都不曾摆脱这样的思维。开普勒则大胆提出“火星的运动轨道是椭圆，太阳位在一个焦点上”。开普勒为什么要舍传统“完美”的圆轨道和优雅的匀速运动，而要在他的天体运动第三定律中，选择非圆的椭圆轨道和变速运动呢？这是开普勒的科学素养和宝贵的人生态度使然：实事求是！他幸运地接受了第谷在哥本哈根海峡小岛天文台忠实、辛勤观测了 30 年的天文资料。第谷的资料精度超过前人

50 倍。但第谷长于观测,短于数学与理论。去世之前,他找到开普勒,继承了他在小岛天文台的职位和资料。开普勒不是一个长于强辩的古希腊政治家,他之否定行星的圆轨道不是出于任何意识形态上的考虑,他只是忠于事实。他的椭圆论,是由数据推演出来的。现把他整理的数据的大致过程列表说明如下(见表 5-1)。

表 5-1 椭圆论由各行星的相关数据所推出

项次	算 术	水星	金星	地球	火星	木星	土星	天王星	海王星	冥王星
1	D	0.387	0.723	1.000	1.52	5.20	9.54	19.2	30.1	39.5
2	T	0.24	0.615	1.000	1.88	11.9	29.5	84	165	248
3	D^3	0.057	0.377	1.000	3.512	140.6	868.3	7 078	27 271	61 630
4	T^2	0.057	0.378	1.000	3.534	141.6	870.2	7 056	27 225	61 504
5	log D	−0.41	−0.14	0	0.18	0.72	0.98	1.28	1.48	1.60
6	log T	−0.62	−0.21	0	0.27	1.07	1.47	1.92	2.22	1.64
7	log D/log T	2∶3	2∶3	0	2∶3	2∶3	2∶3	2∶3	2∶3	2∶3

如把地球作为标准,地球与太阳的距离算成一个单位,它绕太阳公转的时间(即周期)是一年。任一其他行星与太阳的距离记为 D,绕太阳公转的周期设为 T。

开普勒从第谷那里得到的直接观测数据比较散乱,经初步整理得到上表的第一和第二行。这些数据也是很凌乱,简直没有头绪。但开普勒既有世界是有规律性的信念,又迷恋着数学,认为一定可以从中找到规律。我们从第三、第四行数据一比较就可看出。这就是第三定律。今天如用对数,问题就明朗了,如第五、六、七行,但当时对数刚刚发明,开普勒很可能还不知道。

开普勒用多种模型来表达第谷第一手的观测数据,只有椭圆轨道和非匀速运动最合适。于是他大胆说“行星的运动轨道是椭圆”、“行星运动不是匀速运动，连接太阳和行星的直线，在相等的时间内，扫过相等的面积”。对此著名数学史家克莱因说：“开普勒采用椭圆和变速运动，则从根本上打破了权威传统。他坚持这样的立场：科学研究独立于一切哲学和神学信条；单单数学上的考虑就可以决定假说的正确性；假说以及它作出的推理都必须通过实践检验。”(《古今数学思想》)而开普勒的推论就是建立在第一手的实践观测数据之上的。

要克服“有色眼镜”——认知图式的消极性，只有一条路可走。像开普勒那样唯实！而不唯书、不唯上！

第三，创新者要使自己处于信息潮中。人的思维如果停滞了，创新的思想机器会开动不起来，也就无所谓“心灵自由”。那么如何激活停滞的思维呢？

在信息潮中的人容易创新，思维不易停滞。这可以用信息学来解释。信息学把单位时间内思维过程中发生的思维次数叫做思维频率。信息量愈大，则思维频率愈高；思维频率愈高；则思维过程的进度愈快。例如军事杰出人物，多出在战争年代。因为战争时期比和平时期，军事家接收到的军事信息要多得多，军事家思维频率高，思维进度快。历史上重要军事著作，如《孙子兵法》，克劳塞维茨《战争论》和毛泽东的《论持久战》等，都是在兵祸连天的背景下问世的。又如公元前 600 年到前 200 年间的春秋战国时代，社会剧烈变动，军事、政治信息量特别庞大，这是当时杰出思想家辈出的原因之一。汤因比说：“中国最伟大、最富创造性的思想文化运动，发生在兵祸连接的春秋战国时代。”胡适论老子、孔子以前的时势，是“政治那样的黑暗，贫富那样的不匀，民生那样困苦，有了这样的形势，自然会出现种种思维的反动。”冯友兰认为：“在中国哲学史各时期，流派之多，所讨论问题之多，范围之广，研究兴趣之浓厚，气象之蓬勃，皆以子学时代为第一。”原因是“春秋迄汉初，在中国历史上为一大改变，大解放之时代”。十五六世纪欧洲涌现大批杰出艺术家和文艺复兴运动，这一切都由那时代而来：东西方经济和思想文化信息都在欧洲大交流、大交会。化学家门捷列夫出生在西伯利亚，如果不是母亲把他送到莫斯科上学，又到法、德深造，并与那里的顶尖化学家互动交流，赶上了化学周期律认知信息的世界潮流。如果他一直待在闭塞的西伯利亚，能不能由他发现化学元素周期律，就很难说了。

第四，要有开放心态，主动求知捕捉新信息。欧洲中世纪的思维停滞，是怎样打破的呢？对此，克莱因说：为了寻找更好的贸易途径和商品资源，十五六世纪，欧洲进行了全球性地理勘查，一条条新航路，一个个殖民地的开辟，“给欧洲带来了金银财宝及有关异地的植物、动物、气候、生活方式、信仰和习惯的知识，这些知识对中世纪的教条，提出了挑战，激发了人们的想象力”。来自世界潮水般的新信息，打破了中世纪千年停滞，搅起波澜。新信息的刺激使欧洲人想象力勃发，创造力汹涌而生，遂有发达的近代工业社会在那里崛起。

第五，打破思维停滞，还要克服“态度丛”的束缚。要使停滞的思维复苏必须有新信息刺激，那么信息刺激是直接唤醒停滞的思维吗？并不，实际上信息刺激与思维唤醒之间还有一个“态度丛”之网，作为信息的过滤器和中介。因为人生宇宙间，外来信息千千万，有的信息可能对生命有利，有的可能有害。人对外来刺激就不能照单全收，作同样反应，而要有一个趋利避害评估。如在野外见虎，引起恐惧，作出紧急躲避的反应；在动物园中见关在笼中的虎，则不恐惧，而是走近观看，这就是对信息情景的评估。这种评估，是由大脑意识中的“态度丛”作出的。“态度丛”是杨锡山《西方组织行为学》中用语，其意和皮亚杰的“认知结构”概念有点类似。而“态度丛”除了认知，还有情感意志的成分。“态度丛”成为个人在某种情况下应如何反应的“比照构架”。态度丛的核心，是一个人在长期人生实践中形成的价值观。要改变已有的思维“认知结构”和“态度丛”，先要从认知新信息着手，然后兼及情感意志。爱因斯坦说：“只有当经验同那个我们已经充分固定下来的概念世界有了矛盾时”，惊奇才会发生，即停滞的思维或原来的态度丛才会打破。即要有新信息来冲破“已经固定下来的”认知结构或“态度丛”。举一个例子，当时抚顺战犯改造，组织系统学习新民主主义理论，学习中国近代历史，使他们在认知方面先行改变，而兼及情感意志——政治态度的改变。态度的改变还常用示范、参观先进的方式。如农民对所推广的优良品种持观望态度时，他第一步是眼见为实，到先进的农户那里先看一看。研究西方选举事务的心理学家麦圭尔认为，改变选举人态度的关键是：“竞选者须使民众接触宣传媒介，选民要注意到宣传。例如，确实读了传单，并理解其中信息。传单不可用难以理解的行话。从而使选民信服这信息，即被宣传所折服、打动，而能在诸多竞选材料面前坚定选择谁不选谁的态度，直到写票，投票。”

总之，保持心灵自由，提倡质疑精神、唯实态度，处在信息潮中，保持开放心态及克服“态度丛”和思维定式的束缚是释放创造潜能不可或缺的条件。

6. 肩扛使命，创造者必须充实气质、智慧和德识才学底蕴

幼儿当是心无羁绊之人，但他还不能担当创造者的大任。因为尚欠缺气质、智慧、德识才学。这就提出了为什么要“行万里路，读万卷书”的问题。以文艺复兴为例，文艺复兴巨人，多作长途旅

行，会说四五种语言，学识渊博，思维力强，性格中有冒险、敢闯精神。罗素列举那时代极具创造力的巨人，有：达·芬奇、米开朗琪罗、马基雅弗里、伽利略、牛顿、F. 培根、笛卡尔、斯宾诺莎、莱布尼兹、洛克、莎士比亚、莫里哀等人。他们是时代的产儿，生活在翻天覆地的巨大潮流中，他们既有禀赋，又博览群书，和"饱历事故"，求知、求真、求悟、创造，为新时代艺术、科学文化的创生和发展，作出了历史性贡献。恩格斯在《自然辩证法》中说："这是一次人类从来没有经历过的最伟大的进步变革（指 15 世纪下半叶开始的，欧洲各国反对封建的资产阶级的革命运动）是一个需要巨人而产生了巨人——在思维能力、热情和性格方面，在多才多艺和学识渊博方面的巨人的时代。给现代资产阶级统治打下基础的人物，决不受资产阶级的局限。反过来看，作为时代特征的冒险精神，或多或少地推动了这些人物。那时差不多没有一个著名人物不曾作过长途旅行，不会说四五种语言，不在几个专业放射光芒。"列宁指出："只有用人类创造的全部知识财富丰富自己的头脑，才能成为共产主义者。"玻尔兹曼写道："熵是一个系统缺失'信息'的度量。"如果说熵代表无知的程度，则"负熵"代表知识的多少。曾国藩说："世事变化反复，往往出乎意料，所谓道高一尺，魔高一丈。不饱历事故，焉知局中之艰难哉。"阅读和践履的体验储存在记忆和潜意识里成为想象力、创造力的负熵底蕴。巨人开天辟地的大斧，禀赋是其锋利的斧刃，才学底蕴是其厚实的斧背，德识是运斤的手腕。"读书"、"行路"，要旨在谛视世事人生，在游心骋思中使自己精气神、创造力变得强大。看一看一位少年创意人，历练的心路历程吧：宋朝的苏辙，与其父、兄苏洵、苏轼同为我国著名文学创意人。苏辙 19 岁时在《上韩枢密太尉书》中说："辙生好为文，思之至深。以为文者，气之所形。然文不可以学而能，气可养而致。孟子曰：

‘我善养吾浩然之气。’今观其文章，宽厚宏博，充乎天地之间，称其气之小大。太史公行天下，周览四海名山大川，与燕赵间豪俊交游，故其文疏荡，颇有奇气。此二子者，岂尝执笔学为如此之文哉？其气充乎其中，而溢乎貌，动乎其言，而见乎其文，而不自知也。辙生十有九年矣，其居家与游者，不过其邻里乡党之人，所见不过数百里之间，无高山大野，可登览以自广。百氏之书虽无所不读，然皆古人之陈迹，不足以激发其志气。恐遂汩没，故决然舍去，求天下奇闻壮观，以知天地之广大。过秦、汉之故都，恣观终南、嵩、华之高，北顾黄河之奔流，慨然相见古之豪杰。至京师，仰观天子宫阙之壮，与仓廪、府库、城池，花囿之富且大也；而后知天下之巨丽。见翰林欧阳公，听其议论之宏辩，观其容貌之秀伟，与其门人、贤士、大夫游，而后知天下之文章聚乎此也。”从苏辙文章看，要成为大创意人，经过历练而使自身素质的提高是根本性的。古罗马作家朗吉努斯在讨论荷马写大风暴时说：大自然把人放到宇宙这个生命大剧场里，让他不仅来观赏这全部宇宙壮观，而且还热烈地参加其中的竞赛。它就不是把他当作一种卑微的动物……这整个宇宙还不够满足人的观赏和思索的要求，人往往还要游心骋思于八极之外。一个人如果从四面八方把生命谛视一番，看出一切事物，凡是不平凡的伟大的和优美的，都巍然高耸着，这就会体会到，我们人为什么生在世间的。

(1) 底蕴是创造的基石。俄国生理学家谢切诺夫(Sechenov)说：“一切智慧的根源都在记忆，记忆是整个心理生活的基本条件。”清初文学家魏禧说：“人在平生耳目所见闻，身所经历，莫不有其所以然之理。虽市侩优倡大猾逆贼之情状，灶婢丐夫米盗凌杂鄙亵之故，必皆深思而谨识之，酝酿蓄积，沉浸而不轻发。及有故临文，则大小深浅，各以类触，沛乎若决陂(池塘)波之不可御。”作文如此，创意亦然。

没有深厚文化底蕴，“快餐文化”只能制造“熟练工”。如在围棋界十几岁小孩击败了古力、常昊这样的顶尖高手。对此棋界名宿提出：都说围棋深奥、艺术性强，为何十几岁小孩能打败功力深厚的大师？聂卫平则指出：不谈境界，只谈拔尖，不讲艺术，只求攻杀。如今围棋界快餐文化盛行，不少年轻棋手，凭借网络练棋，俨然成了“熟练工”，水平进步很快。聂认为，棋手这样的成长过程并不可取。“这样的小孩我见得太多了，一下子冲上来，赢了几盘后，很快就没了声音，昙花一现”。他说围棋无论到何时都要讲境界。“不讲境界，只能当凡夫俗子，成不了大师。要取得古力、常昊那样的成就，必须具备对围棋有深厚的理解”。

底蕴问题不可小觑。俄罗斯汉学家欧福钦在中国国庆 60 年时说：“中国成就的源泉，在 60 年有五千年的底蕴。”正是这样，这底蕴既有近百年丧权辱国、落后挨打、国破人亡，不可磨灭的强烈的心灵体验；也有由此激发培养起来的民众爱国心，对国家富强的期盼；更有五千年灿烂民族文化艺术，和儒、释、道，兵学，医学，哲学的负熵滋养，以及近百年我们从域外吸收的近代文化科技对民族精神的熏陶；还有对传统和外来文化精华与糟粕的辨析，对苏联解体与“文革”的反思；对当今全球化外交、政治、经济、科技发展的综合认知，等等。美国《新闻周刊》2011 年 5 月 15 日评亨利·基辛格新作《关于中国》时说：“该书最发人深省的观点，是心理方面的，它提出了对中国精英和美国精英巨大文化差异担忧：中国精英可以从两千年的历史中寻找启发，而美国精英能参考的历史只有两百年多一点。”古典文化对每个人只是可能的底蕴资源，要变为创意人的智慧需努力学习。同时各国的文化也是可以相互借鉴的。要之，基辛格指出了一国之精英其历史文化修养的重要性。

人的底蕴表现在气质与智慧。先说气质。智慧当然是创造力的重要因素，但不是唯一因素，还有一个非智力因素，主要是人的气质。美国心理学家特尔曼曾对800位被试进行了几十年的追踪研究，后来把结果分成成就最大和最小的两组进行比较。发现，他们之间的差别，主要不是智力的高低，而是非智力因素的影响。成就最大的一组成员，在进取心、自信心、坚韧性方面，明显高于成就最小的那组成员。哈佛大学的温伯格对此认为：进取性是发挥创造力的一个重要素质，这是不安于现状和现成答案，要自己去尝试一下，尝试发现有什么与书本不同的东西，这种素质可能比智力更重要。清代的易笏山说“君子处今之世，当以挽回气数为己任，故必以学问变化其气质，而后与天地之气运争衡”。变化气质而“挽回气数”，“与天地之气运争衡”。这有点主宰历史人定胜天的英雄观念了。再说智慧，经验与知识的活用就是智慧，如你能“看菜吃饭，量体裁衣”等。人类环境学者米克说：“智慧是人生的一种状态、特质，是深度地理解和透视。智慧通常伴随着博大精深的正式知识，但这不是必需的。没受过教育的人也能获得智慧。木匠、渔夫、家庭主妇之中，也有智慧之士。智慧存在时，表现方式就是认识到事物之间的相对关系。它是生命整体的感知，同时能清楚看到个别事物的具体独特性，以及相互关系中的细节——智慧不能限定在任何专业领域中，它也不是任何学术科目，它是对万物整体的辨识，超越学术。智慧就是理解复杂性、接受关系。”《菜根谭》曰：“横逆困穷是锻炼豪杰的一付炉锤，能受其锻炼，则身心交益；不受其锻炼，则身心交损。”木匠、渔夫、主妇之有智慧，盖在受“炉锤”之锻炼吧！以温州人为例，他们有经商赚钱的智慧。首先是肯吃苦，在人家觉得“穷”、“苦”没人去的地方，越愿意前往。他们经商赚钱的智慧来自历练，饱历了“鸡毛换糖”等“事故”。即使在去拉萨渺无人烟的路上，也能找到温州人开的小店等。有人用“四千四万”形容温州人：“走过千山万水，吃过千辛万苦，历尽千难万险，说尽千言万语。”“炉锤”炼出了今日富有经商致富智慧的温州人。

(2) 转识成智。读万卷书当是增益智慧方法之一。但书上没有纯粹形式的智慧。智慧是要自己去悟、去求的。知识是信息的积累，智慧是知识经验的领悟与灵活运用，知识只有转化成智慧，才能产生力量。怎样把知识转变成智慧，这就是转知成智的问题。“转识成智”是佛家语，但在这里是指怎样把外在的知识，转化成自己能力智慧。“识”在这里是指知识。知识本身具有客观性，知识不因个体存亡而存亡。而智，即能力智慧，是一个人掌握了客观知识之后，对客观世界迅速、灵活、正确地了悟、理解和解决问题的能力。智慧具有个体性，犹太人善于从共同知识《塔木德经》演绎出个性不同的智慧，因而整体具有很强的创造力。“转识成智”大致有几条途径：

第一，知与行结合容易转识成智。获得知识的方法有闻知、说知和亲知。《墨子·经说上》“知，传授之，闻也；方不障，说也；身观焉，亲也。”闻知是由师承或自己阅读所得知识。“方不障”，即不受空间限制的推论，说知即推论的知识。亲知是直接从“行”得来的经验知识。归结起来大体而言，人获得知识的渠道有两：一是“行万里路”得来的亲知；二是“读万卷书”，即由阅读、听闻或推论所得知识。只有单纯的亲知——经验知识，或只有书本知识的人，常不能成大气候，只有两者结合才能有大智慧。对此，周扬以近代重要人物为例说：“我们谈鲁迅的功劳，一个是对社会的了解确实深刻，一个是丰富的历史知识。这两条是很厉害的。毛泽东的伟大也是这两条。其他许多革命家就不如他。毛泽东对社会历史的了解是非常透彻的。因为这种了解，所以马克思的理论可以用。教条主义者，像我们这些人和年轻人吧，也许读了很多马列主义的书，比方说创造社后期的人，都在日本读了很多书。王明这些人也读了些书，但读了不能用，关键就在这个问题上。因为毛泽东和鲁迅对社会有丰富的了解，有丰富的历史知识，就可以用马克思主义来研究这些问题。如果你没有丰富的社会、历史知识，你的马列主义只能变成教条。”（1977 年 4 月接受美国耶鲁大学教授赵浩生时谈话）

颜习斋也强调知行结合，指出：“譬之于医，黄帝金匮玉函可以明医理也。而疗疾救世，必诊脉、制药、针灸、摩砭为力也。今有妄人者，止务览医书千百卷，熟读详说，以为国手矣……而鄙视方脉、药饵、针灸、摩砭。不唯非岐黄，并非医也。”就是说光是熟读书本是不大好算数的。知行结合才可能成为具有智慧本领的大国手。

除了闻知与亲知的结合，还有中西结合。如我国“五四”时期出现的大师群星灿烂，是因为大师们能进行中西结合的研究而“过人远”。如胡适，在学习西方哲学、掌握实验方法的同时，能孜孜不倦，攻读传统经史子集，后来终成“国学大师”。胡适中西结合的觉醒，是在比较中发生的。他在留学美国的日记中写道：“我所遇欧洲学生，无论其为德人、法人、俄人、巴尔干诸国人，皆深知其国之历史政治，通透其国之文学。其为学生而懵然于其祖国之文明历史、政治者，独有二国之学生耳，中国与美国是已……吾国之学生，有几个人能道李、杜之诗，左、迁之史，韩、柳、欧、苏之文乎？可耻也！”胡氏深感及此，而一面学习西洋科学方法，一面深研国粹，终成公认大师。

第二，“总群道”“一以贯之”的转识成智方法。初步得来的亲知或闻知，通常是凌乱的。雨果在《笑面人》中写道“儿童时代得到的一点支离破碎的东西，便感到心满意足了，直到后来积累了一些经验，才开始审查人生的纠纷”。“积累了经验”实际上是对“支离破碎”进行了综合概括，得出了共性的东西，变成了自己的处世智慧，而有“审查人生纠纷”，综合判断是非的功能。对于支离破碎的东西，提纲挈领概括出共性，这就是孔子“一以贯之”的方法。《论语·里仁》：子曰：“参乎，吾道一以贯之”，“曾子曰夫子之道，忠恕而已矣”。曾子说夫子所言传身教的林林总总，可用“忠恕”二字来概括。孔子又说“赐也，汝以为多学而识文者乎？非也，予一以贯之”。孔子说自己是用一根红线把所学知识串起来成为有条理的东西。东汉时期的徐干提出过“总群道”的说法：“人心莫不有理道（能辨别是非），而须学方能总群道（综合拿捏），非取乎一道。故曰：学者所以总群道也，群道统乎己心，群言一乎己口，唯所用之”，“又如一大贤为行也，何以异乎人者，谓心统乎群道而不谬，知周乎万物而不过，变故暴至而不惑，真伪丛萃（杂陈）而不迷”。

“大贤”们都是“一以贯之”和“总群道”的高手。如以前的人，都知道苹果下落，水会从高处下流，地球吸引月亮，但不知道其间有什么原因使然。牛顿拿捏概括分析综合这些现象的异同，用“万有引力”统一了以上现象的解释。达尔文随“贝格尔”号进行了 5 年环球博物考察，收集到无数动植物以及有关地层的化石资料，但这些凌乱的东西，一时不能明白说清万物是“神创”的，还是“突变”的，他经过了 17 年的整理推敲，比较分析概括出“一”个结论：物种由进化而来。门捷列夫之前，人们已零零碎碎知道了一些元素及有关知识。但不知道决定元素特性的因素是什么，他对已知知识，经过梳理，反复比较分析，得出：元素特性与其原子量有关的规律。一以贯之的“一”，是心理学所说的“认知结构”，可用来指导人们获得新的知识。求“一”的方法是“综合”。金岳霖《形式逻辑》

给出的相应定义是:“综合,是在思想中把对象的各个部分或因素结合成一个统一体加以考察的逻辑方法。”例如,诺贝尔物理学奖得主薛定谔 1926 年把波和粒子的知识综合起来,建立了完整的波动力学方程,成为打开微观世界大门的一把金钥匙。1944 年,他又从热力学第二定律与生物进化的矛盾统一性,提出了负熵的概念,认为活细胞这样活的有机体是依赖负熵为生的,启迪了许多年轻学者。薛定谔的方法也是“总群道”的方法。

“总群道”的本领可由训练得之。哈佛 MBA,用类似“总群道”方法,让学生在较短时间内阅读几百页资料,然后提纲挈领写成论文。20 世纪 50 年代我国高校公共必修课的“课堂讨论”,也让学生到图书馆阅读指定的有关图书资料,并写成讨论提纲。苏联教育学家赞科夫主张,真本领不在传授,而在教师懂得组织学生的认知活动。1979 年叶圣陶主张,教师要“致力于导,使学生逐渐自求得之,卒底于不待教师教授”。学生在总群道的训练中,“自求得之”,智慧由此得以增长。

第三,“忘筌求鱼”直觉顿悟的转识成智法。顿悟是对知识的突然理解,与直觉同义。顿悟或直觉是不经过逻辑推理直接从情景获得真理的认识能力。心理学家柯勒认为直觉是个体基于有限的资料信息,调动所有的知识积累,摆脱惯常的逻辑推理,对新事物、新现象、新问题进行直接判断。当个体理解到了整个情景中有关信息的关系时,顿悟自然会发生。直觉顿悟是在已有思维素材或实践经验上认识过程的突然飞跃。如在实践上缺乏经验,或在知识上缺乏基础素材,就无法用顿悟解决问题。例如,小孩很难充当古董行业“鉴宝人”,因为他缺少古董方面的知识和鉴宝的实际经验。学几何学有时要靠顿悟,但不熟悉数学基础知识,不了解几何相关定理者,顿悟绝不会凭空而来。在小孩学习中,顿悟一般限于理解性的问题，如高斯小时候，一下说出了 1＋2＋3＋…＋8＋9＋ 10 之和。有的问题则要靠机械记忆，靠多次练习，如算术上的“九九表”等。

“忘筌取鱼，彻悟言外”。这里的“筌”是捕鱼工具，渔者目的是借筌而得鱼。知名歌唱家帕瓦罗蒂，初出名时好评如潮。后来他感到自己的嗓子不好使了而烦恼不已。在旅途中，有一天他所住旅店隔壁有一小孩彻夜哭闹，但嗓子始终清脆洪亮。他感到惊讶，并对此细心琢磨，几经研究后来悟到，婴儿一切都未发育完全，啼哭声用的是丹田之气，所以嗓子不会嘶哑。他受此小儿啼声之“筌”的启发，抓到了丹田之气这条“鱼”，自己也改用此法唱歌，使他歌唱艺术突飞猛进。这说明只要用心，就会在不经意处，悟出精妙的大道理。

“忘筌取鱼”，也是艺术家增长技艺智慧的重要法门。因为各门艺术都可触类旁通。书画家可从剑的飞舞中，或鹅掌的拨动中，得到特殊筋肉感觉来助笔力。可得一特殊胸襟来增进自身书画的神韵和气势。推广一点说，凡艺术家、创意人总须处处留心玩味体悟才有深厚修养。

第四，天才不够功夫凑。上海教育家吕型伟说：“人人有才，人无全才，扬长避短，人人成才。”人的创造力，主要不在体力，而在心灵。心灵巧拙，既在三分天性，更在七分人力——努力，在后天打造的智慧、气质技艺底蕴。西汉《淮南子》认为，人的品性有三类：“不待学问，而合于道者，尧、舜、文王也。”这是第一等人才。“沉湎耽荒，不可教以道，不可喻以德；严父弗能正，贤师不能化，丹朱、商均也”，这是第三类冥顽不化之人。第二类“上不及尧舜，下不及商均”，可以通过教化而成为有用之才者。今人韩玉涛则把书法艺术中的人物分为四等：天才、大才、中才、下才。并突出强调天才是

“天假神托”的不可知性，对待传统的叛逆性，青出于蓝胜于蓝“率尔师心，冥合天矩”之性，以道家庄学思想为旨要和诉诸“写意”讲求“偏悟”的出奇制胜。书法艺术方面张旭、怀素等是天才。“大才”是具有“兼摄众家的继承性和追求完美的兼善性”。大才可以学而达到。“中才”是不懂写意和草书的“俗吏”，有如今天的打字员。至于“下才”，只是临摹，不懂写意，是典型的书匠。韩氏认为：“意”是中国美学之魂。“率意超狂，无惜是非”，应是全人类的艺术理想。并说这八个字就是真正艺术的定义，也是整个中国艺术的境界。

爱因斯坦是天分＋力学的典范。宋朝王安石的小同乡仲永，也有些天分，“五岁能作诗”，王安石在《伤仲永》中说：“仲永通悟，受之于天也，卒之为众人（平常人），……则其受于人者不至也。”如只讲天分不作人为，其天分天资也不能发挥。爱因斯坦等真正天才，甚至不谈自己天分，而说“天才就是勤奋，就是汗水”。仲永之伤，根本在其父“不使学”，天分在必然在浑浑噩噩中消失。韩玉涛提出“天才不够怎么办?”，“好办，功夫凑嘛”。天才不够功夫凑。后天的努力，不仅是白首攻书，更应懂得“功夫在书外”，即加强各方面的学习，包括历史的、理论的。在中国和世界，每个时代的天才都罕见，极少，但某些天资，又几乎人人不同程度具有。因此，天才不够功夫凑，对于想攀登各行各业高峰者，确是一条可行之路。大天才要成气候，都需要勤奋，奋力以超，通才要想取得一定成绩，就更不用说了。

现在说说“功夫凑”的例子。三国时代群雄割据，在这样的乱世，似乎读书求学已毫无意义，然孙权却劝人读书，并建议行伍出身的吕蒙：“宜急读《孙子》、《六韬》、《左传》、《国语》及‘三史’，以兵书为主史书为重。”过了些时，鲁肃路过吕蒙驻地浔阳，同吕蒙交谈军政事务，肃大惊曰："卿今者才略，非复吴下阿蒙。"后来吕蒙终成名将。史家赞曰：看来认真读书不仅在"治世"应为人重视，就在"乱世"也极重要。因如此，汉光武刘秀在戎马生涯中手不释卷。吕蒙同时代人曹操也以好学出名。汉代王充说"知为力"，知识就是力量，力学然后有大气象。

第五，十年定律。一般性职业的高手怎样成才？在当代，怎样才能出类拔萃？1993 年英国研究者戴维森等人研究了体育、音乐、象棋界世界数一数二高手，也包括经济界在内其他领域。认为出类拔萃的第一个结论是：不努力谁也不会取得杰出的成就。没有证据证明，没有实践经验或训练就会有优异成绩。甚至最有才艺的人也需要大约十年的勤奋努力，才能成为世界级的人物。这被称为十年定律。十年是一个粗略的估计，多数研究人员认为，这也是最低限度时间。在许多领域(音乐、文学)精英们所需时间要二三十年的经验才能达到顶峰。研究者认为：我们承认遗传和环境的影响非常大，但他们都不能称天才。在固定的遗传、环境下，个人还有努力的余地。遗传、环境只是一种机会，一种本钱。至于能否利用这机会，能否拿这点本钱去做出生意来，则所谓"神而明之，存乎其人"，即全在个人怎样努力了。在曾国藩身上曾发生过一个十分有趣的故事。曾国藩从湖南双峰偏僻小村人家考中进士，后来十年中七次升迁，37 岁官至二品，出任礼部侍郎。小时候天赋并不高，一篇文章不知重复多少遍，背不下而不停朗读，碰巧他家来一贼，潜在屋檐下，希望读书人睡之后捞点好处，可左等右等，曾国藩纹丝不动，还是翻来覆去朗读那文，贼忍无可忍，大怒，跳出来说："这种水平读什么书！"然后将那文背诵一通扬长而去。贼人比曾国藩聪明，但他只是贼。曾国藩被认为建立功业和文思都可为人取法。曾氏不但好学，后来还琢磨如何学好。对此他有不少心得示语后人。其中出了多位有出息的学者。

十年定律的第二个结论是有意识地练习。“成绩只会光顾‘有心’之人”。不是随便什么人能取得杰出成绩的。大量艰苦努力这还不够，许多人数十年辛苦，仍然未能取得杰出成就，甚至没有取得重大成就，那是缺少了什么呢？缺少了“用心”，缺少了“肯动脑筋”！任何佼佼者，不是蛮干者，他们肯定都是肯艰苦训练更有钻研精神，肯琢磨的人，这称为“有意识训练的人”。他们能“在意”于捕捉自己训练和实战中的新信息。中国乒乓球队总教练刘国梁2010年12月应邀对国家足球男队介绍乒乓球常胜经验有两条，一是“肯吃苦”，一是“肯动脑筋”。研究者认为“有意识的训练”是指有高水平目的、有超越自己的能力、步步加码的目标，并提供对练习结果有反馈的高水平重复练习。例如挥动高尔夫球杆，不动脑筋，只是简单地打击一桶球，又没有反馈，这不是“有意识训练”。这样的练法是多数高尔夫运动员不能提高球技的原因。挥动球杆300次，目标是球杆号旗不到20英尺的次数达到80%，不断观察结果，作出相应的适当调整，这样每天练习几小时——这就是“有意识”的训练。

许多顶级运动员因为极其严格的日常训练挤入了世界级行列，篮球方面迈克尔·乔丹的强化训练超越了已经很艰苦的球队训练。橄榄球方面创纪录接球手杰里·赖斯曾被15个球队拒绝，认为动作太慢。他就更加勤奋练习，最终使其他队员难以赶上。研究认为，对大多数人来说，工作是努力的，但还没有作出更大努力，超额的几步太难太苦，几乎永远做不到。也许我们不能期望多数人能取得杰出成就，因为要求太高了。但“杰出成绩不是为少数人予先保留着的，每个人都有机会”。

第三个结论是：提高想象力。中国男足前国家队教练米卢，接受境外记者采访时说：中国球员能听从我的指导，但不大会即兴发挥自己的想象力。（米卢所说的球员想象力是不是如准确估计来球，恰到好处跑位，又眼观六路，把球传到恰当的落点等，都要有想象力。）显然球队制胜在士气＋技术＋想象力的结合。

7. 创造者要有“识时务”的素养

创新成功的两个认知方面前提：一要在总体上看创新内容与环境发展总趋势是否有相容性；二要在认知操作方面看主客是否相契。

“识时务者为俊杰”，搞创新避免白费心血，必须注意以下两点：

（1）创新内容与环境发展总趋势的关系。人类创新不但要埋头拉车，也要抬头看路。借用生物创新的规律来看，不是所有的基因突变创新，都是有前途的，而只有那些与环境变化大趋势有相容性的创新，才能被环境选中。生物创新有无穷多的变异，也有无穷多时间，折腾得起，而不必“抬头看路”。人讲效率，就要先有意识地估量一下，你的创新计划，与环境变化发展的总趋势的关系如何？前面说到，在英国有一种尺蛾，此前所见是灰色类型，19 世纪 50 年代在制造业中心曼彻斯特发现过黑色变种。19 世纪下半叶工业在污染日甚，废气中 H_2S 杀死了树皮上的灰色地衣，煤烟又把树干熏成黑色，结果原先歇息在灰色地衣上得到保护的灰色类型，这时在黑色树干上很显眼，因而被天敌——鸟类发现大量捕食。“异乎寻常”的少数黑色类型则因煤烟掩护幸免于难。从此黑色类型数量剧增，灰色类型不断减少。到 19 世纪末，前者已从不到 1％ 升至 90％ 以上。在这个例子中生物类型的变异，挽救了尺蛾种群。生物界就是这样用各种各样的变异创新来适应环境变化，谋求新的发展的。尺蛾的颜色变异怎样才能对种群的生存发展有贡献呢？从这个例子可知，只有那些同环境变化总趋势有相容性的变异，才有促进生物群体发展的价值。逆向的变异，如严重污染情况下尺蛾的白色，人的肿瘤恶变等，只能导致种群或个体死亡。（有趣的是，由于后来曼彻斯特环境好转，灰色种群又有了发展）

人类创新也是这样。“世界潮流浩浩荡荡，顺之者昌，逆之者亡”。对人来说，大趋势是指总体变化规律，如农业社会与石器时代的更迭等，不是一时一事的境况。人有能动性，可使一时一事的变化逆转，但总规律是无可动摇的。农业科学家袁隆平指出，创新首先要方向对头，你大方向错了，再努力也是白费。目标在南面，你向北面划船，越划越远。有些很聪明的人搞“永动机”，不可能实现。还有人搞“水变油”，怎么会有结果?！中科院田运指出：精英人才为什么能成为先进生产力的开拓者、建设者？为什么能成为先进文化的创造者？为什么能成为进步事业的探索者、推进者？说到底，因为他们能顺应时代潮流和人民需要，充分发挥创造性思维的威力。诺贝尔奖得主杨振宁说：“对一个年轻人将来有决定性影响的，就是选择研究方向。我在美国看到几千个博士生，念书都很好，但过了 20 年，他们的成就则相差悬殊。这不在于他们的天分、学历。在于有的路越走越窄，有的越走越宽。如果他选择的方向与 5—10 年后大有发展，他就能有所成就。如果他选择的方向是强弩之末，就不能发展。那么怎样才能看清方向。很难说，关键是要把握整个趋势，不要只顾一头钻进去，眼光太短。”

所谓创新者要“埋头拉车，抬头看路”，就是要有对世界潮流发展根本趋势为参考系的估量与眼光。阿玛尼时尚设计的成功，是建立在对时尚潮流趋势领悟估量的基础上的。又如英特尔公司认为所谓尝试风险，并不是闭着眼睛，一头栽进对挑战的应战的匹夫之勇。盲目迎向挑战几近愚昧，只会带来失败，不可能带来创新。英特尔所推崇的是充分评估。在接受挑战之前，能够掌握情报，尽可能了解种种变通之道与替代方案，这能增加对失败的控制力。

(2) 创新成功的另一个前提是主客动态相契。人类事业的发展与创新，同自然界的进化相比较，区别在前者有一个心与物交的过程。即人在创造过程中，首先要有主观与客观打交道：评估、调研，“望闻问切”。主客双方契合了，情况弄清了，就能做到创新“在咽喉处下刀”，事半功倍。所以创新成功的前提之二是要求主客相契。如果环境又变了，调研、评估要重新来过，在认知方面保持主客动态匹配。

主体对客体的心智适应十分重要。现代管理心理学有个“冷水煮青蛙”的故事。说在冷水中煮青蛙，环境——水温在不知不觉中升高，大难临头了！初始时，青蛙在温暖之乡还自得其乐。因为它对环境变化的趋势全不知晓。如果它能够明白，所处的环境——一锅汤水正在变沸，而大环境：周围的池塘、旷野则平静如故，如果它又不贪婪温暖之乡的一时舒适。它的心智与客观环境变化的实际情况相契、相适应的话，就能当机立断，跳出热汤，再获重生。水温再升它觉得不对劲了，但为时已晚，身体虚脱，全身无力，跳不动了，最终只能被煮烂。青蛙有跳动的能力——创造的能力。但它心智麻木了，对环境的变化全不知晓了，主客没有在变化中的动态匹配，就导致悲剧。人类所处环境亦变化无常，如用昨日的心智模式，来对付今日之事，肯定不能取得成功。

第六章

悟，原创的核心技术

一、用形象思维和丰富想象力，破解原创开局之难

原创。《旧约·创世纪》说：上帝在一切都不存在的情况下，创造了天和地。从拉丁语来追溯词源，“创造”一词大意是：在原先一无所有的情况下，创造出新的东西。实际上世间万物一由天成——自然演化，如日月星辰、大地山岳、江河湖海、花草树木、鸟兽虫鱼的如何降生，已由宇宙学、地质学、生物学等研究清楚了。二由人为，人为的东西，如轮船、飞机，从无到有，草创阶段是“作始也简”，如先是独木舟，然后万吨轮；人为的东西还有科学技术、经济、军政决策、小说、诗歌、绘画、戏剧、电影，等等。

一位中国国家科技进步奖得主指出，创造性是指在似乎没有路可走的时候，你能指出或走出一条路的能力。

人为创造所以开局难、构思难，因为凡新的东西在被创造之前，谁也没有看见过可被克隆的蓝本，如原始人的石斧、现代网络、李白的诗、苏东坡的词、韩愈的美文、邓小平的南方谈话，等等。正如爱因斯坦所说：“提出一个问题，往往比解决一个问题更为重要，因为解决问题，也许是一个数学上或实验上的技巧。而提出新的问题、新的可能性、从新的角度看旧问题，都需要想象力，而且标志着科学的真正进步。”爱因斯坦说的就是要把创造性的东西搞出来，是为开局难。只因人有意识灵机，会观察，会体悟比类，会由此及彼联想、触类旁通，会想象，又有双手会做，从而可以“无中生有”。思维创造在总体上看，是“无中生有”，从前没有，现在才有。

但在具体操作上不可能煮“无米之炊”。原创活动,先要搜集丰富的表象素材(表象是曾经观察过的事物在头脑里留下的痕迹)。这“搜集”就是对宇宙人生的仰观俯察。积累了丰富的表象素材,然后在大脑里进行以下两种形式的加工制作:一是妙悟,即由繁至简。宇宙人生的现象极为繁杂,察其繁杂而探求至简。即用妙悟直觉的方法,冥会、观照、洞识其中规律,产生创意点子。如诸葛亮长期关注、观察天下大势,写成《隆中对》,妙悟出“三足鼎立”的趋势。毛泽东观察到中国问题主要是农民问题,又观察到中国与俄国情况不同,提出了农村包围城市的决策。邓小平仰观俯察20世纪90年代世情国情,提出了加快改革开放的南方谈话等。二是想象,由简到繁,即从所观察到的天成和人为东西的个别表象的集合中,选择一些,并由此及彼在头脑里进行组合、联想、想象,即经过融会贯通有机结合而构思出“繁”——一件从未有过的三不像东西。如铁路是轨道与列车结合而成的,列车是机车与车厢的组合,机车又由发动机与机架构成。鲁迅的阿Q,是东西南北地区,特定时期、特定人群的典型性格组合。但想象“拼凑”并非把实物搬来后,拆拆拼拼,而是创意人观察摄取外物的表象,选择其中若干,在头脑里重组新形象,这个过程就是形象思维。

抽象思维则不用表象,而是用概念用词进行逻辑推理。上述“简”生“繁”的过程,人们常用“万花筒”作比喻,仰观俯察所收集的表象,好比放进万花筒中的一块块碎片,转几下,万花筒就能产生新的花样。正在进行构思想象的大脑就如一个创意万花筒,许多“简”的表象碎片,经过大脑加工重组,形成了一个“繁”的复杂的新花样——新意象。上述由繁至简、由简至繁的思维活动都不用概念,而用表象,所以都是形象思维。在创意过程中,形象思维一般用在原创开局,构思酝酿。抽象思维则用在梳理新出炉的新意象,使之有条理和更具合理性。如史蒂芬森的火车机车意象构思出来后，尚是“毛坯”，到工厂成批生产之前，要用力学、热学、材料学和机械学等知识及经济核算原理进行梳理打磨和逻辑论证。

1. 初民和部落人的形象思维

克罗齐说：“知识（思维）有两种，不是直觉的，就是逻辑的；不是想象得来的，就是理智推理得来的。总之，认识所产生的不是意象就是概念。”钱学森对此的分类是：“人的思维类型可分三种，即抽象（逻辑）思维、形象（直觉）思维和灵感（顿悟）思维。认识世界先用形象思维，而不是用抽象思维。”《世界史纲》有两个尚没有文字的人类部落形象思维的例子，韦尔斯解释说，原始人的思维和儿童的思维极为相似，都是一连串的形象画面。

图 6－1 记录的是五只独木舟横渡的情景。船上的竖线表示船员数。一只翠鸟代表主持航行的首领。弓形（代表天）下的三个圆圈代表太阳，表明航行历时三天。象征陆地的乌龟，表示安全抵达。图 6－2，是印第安部落给美国国会的请愿书。要求取得小湖捕鱼的权利。各不相同的图腾（貂、熊、人鱼和猫鱼等）代表不同的

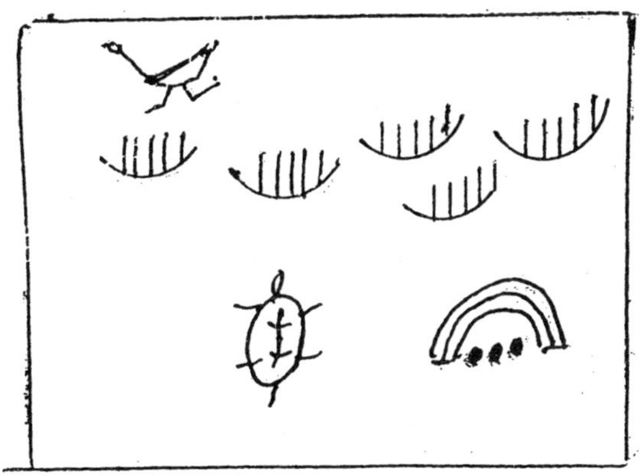

图 6－1　苏比克湖湖岸的岩石画

部落。领头的是以鹤为图腾的部落，从每只动物的心脏和眼，画到鹤的心脏和眼的线，表明它们同心协力。鹤眼的那条线一直延伸到地图上的几个小湖，那就是他们请求捕鱼的地方。

图 6－2　印第安人图腾画

2. 人类原初的创造——凭极丰富的想象力

原始人类赤手空拳，凭什么去创造呢？原始野蛮人虽然不会说话，但想象力极其丰富。他们就凭这想象力去构思和创造。意大利学者维柯的研究认为："他们凭着本能过生活，接触外界事物全靠感官印象，所以想象力特别丰富。"维柯设想少数原始人在深山野林初次碰到雷轰电闪，就感到恐惧。他们不知道雷电的真正原因。惯于凭自己的生活经验去了解、类比自然现象(以己度物)，想象迅雷疾电是某个强大的人在盛怒咆哮，仿佛在向人告诫什么，这样雷神就由原始人创造出来了。原始人正是凭借极丰富的想象力创造了"雷神"及诸神等。维柯认为人类精神发展经历过神的时代、英雄时代和人的时代三个阶段。最初神的时代，想象力及"以己度物"的悟力特别丰富。希腊荷马时期转到英雄时代。英雄主义解体，历史进入人的时代，这时宗教变成了道德教育的工具。使人脱离了原来的野蛮性。神话被遗忘之后又学会了抽象思维。人类学会抽象思维之后，并未把形象思维丢掉。如人类在古希腊时代就学会了逻辑思维。此后，牛顿、爱因斯坦在万有引力和相对论等的研究中，仍然自觉运用形象思维和直觉方法。悟——直觉方法，在原创过程中的重要作用，现正被人们重新认识和强调。

人类学会掌握形象思维，又学会抽象思维，两种思维方法互补，人类创造能力由此突飞猛进。

3. 内心“自由创造”关键在直觉与悟

直觉、形象思维是内心的“自由创造”（爱因斯坦语），而逻辑思维则用语言形式按规则办事。爱因斯坦说经验（a）和假说、公理（A）的关系：“从心理状态方面来说，A 是以 a 为基础的，但在 A 同 a 之间，不存在任何必然的逻辑联系，而只有一个不是必然的直觉。”如从仰观俯察得来的有关宇宙人生的“特殊”素材（a）之“繁”、之“杂多”中，如何得其“简”和“一般”（A）呢？爱因斯坦指出：“从特殊到一般的道路是直觉。”他曾说早年“由于我在数学领域里的直觉能力不够强，以致不能把真正带有根本性的最重要的东西，同其余那些多少是可有可无的广博知识可靠地区别开来。”（如所谓的乔布斯“至简主义”）后来经过几年“独立的科学研究工作”之后，他就学会这样做了。他的“光量子说”和相对论等都是直觉——内心“自由创造”的结晶。

“自由创造”中的形象思维与逻辑思维。爱因斯坦认为，科学家创造性思维的特征，正是在于用形象或表象进行思维才进入适用语言的思维。他说，从“心理学的观点看，在创造性思维——直觉形象思维，同语词或其他可以与别人交往的符号的逻辑构造之间，有任何联系之前，这种（表象之间）结合的活动（形象思维），似乎就是创造性思维的特征”。

朱光潜说，文艺创作中，一般都有个酝酿阶段，还有一个斟酌修改阶段。前者只注意在形象思维上。就是说，在原创活动的开局——酝酿构思阶段，先要利用由仰观俯察得来的经验资料——表象，进行内心的“自由创造”，即对表象资源用形象思维的直觉方法，悟识其相互关系，形成假说、公理，即得其意、概念。有了意、概念才可能在“斟酌修改阶段”进行逻辑推演。

4. 原创研发不搞匹夫之勇

原创活动开始时，要作些相关情况的大致调查。像硅谷的英特尔那样，研发不搞匹夫之勇，而要做好前期情报工作。其实，前人如哥白尼，他在提出“日心说”理论之前，就作过这样的调查：科技史书上说，“哥白尼孜孜不倦地阅读了能够得到的各种古希腊、古罗马哲学著作，在西塞罗和普罗塔克的著作中，他发现有人逼真地描述过地球的运动。这种思想像灯塔一样，在茫茫黑夜中，给正在探寻道路的哥白尼指明了方向。”达尔文考察研究生物世界，不离身的一本书是赖尔名著《地质学原理》，把它当作他进行内心“自由创造”建立生物进化论的向导。德国哲学家谢林认为，宇宙是有活力的，电也是活力。电、磁、光、热是相互联系相互转换的。这些思想启发了奥斯特和法拉第进行了电磁原创实验。他山之石可以攻玉，奥地利学者费耶阿本德说：“假说和方法，可取自一切能够得到它的地方。——取自古代神话和现代成见，取自专家的力作和狂人的奇想，它成功失败的历史都要用。”若无思路时悟性高的人，会从旁边一点点火花得到启示，豁然贯通。“北京卫视”医学讲座常有名老中医会即兴述说自己在碰到疑难杂症时，如何连夜翻阅历代医书，从片言只语中寻找到解决难题的启示。所以说，“悟”不是死钻牛角。在悟的过程中可以作些多角度的调查研究，启发思路。

二、原创的意——象——言实例

亚里士多德把全部科学分为三大类：① 理论科学；② 实用科学；③ 创制科学（同创制一个事物有关：音乐、诗、建筑学和一切艺术）。

艺术家的工作是创造自己心目中的形象。当然也是用观察妙悟想象的方法。老舍拿厨师做红烧鱼比喻：甲是艺术家的心，乙是要描写的境，丙是艺术家的心力加巧手操作，丁是写好的作品。好比厨师根据客人的要求（意），做一盆红烧鱼。首先察看这鱼的情况：用感官辨形，看看这鱼属于什么品种，辨味——有无异味，辨软硬轻重。综合之，得出这是一条一斤半左右的鲜活大鲫鱼的当下感觉表象。接着厨师搜索自己以前做清蒸鱼、大汤黄鱼、红烧鲤鱼、炒鱼片、红烧猪肉及烹制其他菜肴的经验——记忆表象。厨师可能还有即兴激发做鲜鱼的灵感。他把这些表象拿来，经过选择掺和综合，在大脑里像万花筒那样加工组合、自由创造，产生出一个新意象，即厨师心中的一盆红烧鲫鱼。最后动手，厨师根据头脑里如何烹制的意象方案，把那鲫鱼用火工、调料为之精心烹饪，做成了一盆可以入口的真实红烧鱼。

米开朗琪罗做《大卫》雕像，步骤也和厨师一样。地方政府雇请他雕制一座佛罗伦萨“城市卫士”像，他根据这“意”，先到大街小巷观察一些刚毅之士的形象，速写取像。同时从记忆中搜索自己青年时期在美第奇学院学到的科学、美学知识，和所见过的古希腊、古罗马雕像丰采的记忆。这样由“城市卫士”主题的“意”引领，既街头取像，又在自己艺术底蕴的记忆中取像，加上灵感，大脑中表象的丰富和艺术素养的支持，足以使艺术家进一步选取、掺和综合出一尊头脑中的“城市卫士”意象。完成了这些工作，米开朗琪罗才到山中选取大理石料。一块几吨重的大石材，请人开采，搬运到制作场所。艺术家依据心中的意象，知道石材上何处要凿掉一些，何处该保留下来，一锤一凿按心中意象蓝图，和艺术家从小练就的熟练雕刻绝活，灵巧下手，终得一尊传世的“大卫”像。

艺术家是自然的奴隶，又是自然的主宰。他向石头里灌注生气意旨。古罗马学者普洛丁说：一块石头由艺术家按照一种理式的美，而赋予形式。石头之所以美，并不是因为它是块石头（否则那块未经艺术点染的顽石也就应该一样美）。而是由于艺术所赋予的理式。这理式原来不在石头材料里。灌注到石头里的理式，是从哪里来的呢？普洛丁说：“例如斐底阿斯雕刻天神宙斯，并不是按照肉眼可见的蓝本，而是按照他对于宙斯如果屑于显现给凡人看时，理应具有什么形象的体会。”这就是艺术家怀有的心中意象。歌德说，艺术家对于自我有着双重的关系，他既是自然的主宰，又是自然的奴隶。他是自然的奴隶，因为他必须用自然的材料来工作；同时他又是自然的主宰，他使这种自然的材料，服从他的较高的意旨，并且为这较高的意旨服务。康德说：“艺术家心中须先悬一个目的，然后按照这个目的去想作品的形式。”上面所说的“理式”、“理念”，“先悬的目的”等，都类同文化创生学的“意”。

“意”并不是“宙斯显灵”，一般由创意人自己仰观俯察体悟联想而得。如苏东坡欣赏庐山美景，畅游十余日，仍感意犹未尽，而有“当局者迷，旁观者清”的禅意体悟，又借庐山的峰、岭等“象”，结合诗人襟怀，联想酝酿成一首诗的意象：“横看成岭侧成峰，远近高低各不同，不识庐山真面目，只缘身在此山中。”此时诗的意象尚闷在艺术家胸中，如镜中花，水中月。最后行到庐山脚下西林寺，才在寺壁上用“言”把所酝酿的意象一笔挥就，后称《题西林壁》。谢松林指出，人类文化的创造，是“意”显现为“象”，“象”著明为“言”的过程。意——象——言是文化发生学。得到意、象之后再用“言”说出，或用手做成，就成为一件创造物了。如上述苏东坡的诗、米开朗琪罗的《大卫》、厨师的红烧鱼等。庄子则说“得意忘象”、“忘筌取鱼”（筌是一种捕鱼工具），即言——象——意，这是文化研究法。如今学者研究古典著作，从字、词、句、篇的“言”入手，得其意——精髓。实际运用时则不必太计较片言只语。

医家、画家、音乐家等原创性活动，都是从得“意”构思做起。中科院院士、医学家沈自尹，原是西医，后从名中医姜春华学中医。随师临诊，看到老师治疗一个哮喘病人，从考虑发病环境、季节、体质的改变、诱发因的不同，先后采取了四个不同处方。又看到在西医看来完全不同的病，如疟疾、痢疾、哮喘、乳糜尿在病程的某阶段出现“气虚”，老师用同一“补气”处方，都得到很好疗效。沈院士说，我曾有一个比喻：绘画是艺术，无论是中国水墨画，还是西洋油画，画家首先要有一个构思，再加上个人的技巧，才能使画传神，观者得以赏心悦目。音乐也是艺术，无论是中西名曲的产生，都得先有构思，加上作曲家各具特色的表现手法和个人风格，使其作品久听不厌，令听者心生共鸣。所谓“医者意也”，“意”并非随心所欲，而是指构思。其水平高低决定治疗效果的好坏。

1. 仰观俯察＋妙悟想象是原创的核心技术

世上本无道家、儒家、禅宗的理论，本无牛顿万有引力学说和爱因斯坦相对论，本无乔布斯的“苹果机”，等等。它们的创生不是用“三段论”逻辑推理所得，而是从观察体悟而来。古语说：“迷则凡，悟则圣。”正是乔布斯在印度学得禅悟，而成了鼎鼎大名的创意大王。爱因斯坦原来不会运用直觉——悟的方法。后来学会了，才在科学上取得一系列重大原创成就。由此看来，悟是原创开局的核心技术。

2. 妙悟在有料＋心有大师＋禅的功夫

悟要有“原料”，用仰观俯察收集当下的表象素材和搜索记忆表象素材作为加工的原料。① 收集当下表象。例如迪斯尼乐园公司有一批核心人员——创意设计“构想工程师”。为了讲好上海迪士尼这个新的故事，他们多批次来到中国特色的代表性城市进行调研。在上海穿街走巷，揣摩海派文化，钻进北京胡同体验生活，赴西安吃羊肉串和肉夹馍，去成都观赏变脸艺术，还逛当地的博物馆、博览会，全方位感受中国人多元化的生活、娱乐、文化氛围。工程师们有目的，有计划用心收集迪士尼将要展示的具有中国色彩的幻想和魔幻世界，吸引中国游客，所需要的加工制作的表象原料。幻想工程师们，不是坐在办公室里拍脑袋，而是靠勤奋收集制作幻想的“原料”。② 搜索记忆表象。莱奥哈德谈论 300 年前意大利著名制琴大师斯特拉蒂瓦里的制琴技艺时说到，优秀制琴师首先要具备超凡的记忆力，要尽可能记住所有看见过、听到过和触摸过的经历和感觉，包括每一把小提琴的特性，每一次制作、修补的经验教训，甚至每一块木头的不同特性。制琴师要不断地将经年累月的记忆进行梳理、分析、领会，从而提升自己的制琴艺术。记住过去看见过的东西，目的是为眼前的想象服务。

3. 心有大师，才有深邃的体悟创意

孔子观察江河流水，体悟到人生易逝的意，并生出有弟子记录的言：“子在川上曰，逝者如斯夫。”观察松柏能经历严冬寒雪的形象，感悟到人生应有如此品格的意而立言：“岁寒，然后知松柏之后凋也。”若有小孩与孔子作同样的观察，小孩肯定达不到孔子那样的体悟水平。可见人对表象的加工制作——体悟，同他的阅历、胸襟、潜意识等因素有关。贝多芬胸中装有莎士比亚，还有从荷马、柏拉图、康德、歌德和席勒等大师身上汲取的博大精深的创意启示。

总之，大脑加工制作妙悟，既要有丰富的表象输入，因为这是原料。还要有创意人自身底蕴能量储存，这是用来指导加工制作的德识才学资质。有了这些才谈得上对表象原料加工的内心“自由创造”。贝多芬、米开朗琪罗的创造性资质，除缘于禀赋与他们在所处时代大潮中汲取到的来自生活、社会经济、文化、政治变化的信息，和对所读前人、同代人作品微言大义的消化、综合、孕育修炼，而形成了他们自己的道行，这道行资源将使他们在一生创造生涯中无比受用。这样说来，内心“自由创造”、“无中生有”的“有”的创生，不是胡思乱想，而是既要像迪士尼“幻想工程师们”那样，把有关表象信息尽收眼底和耳际。这就要走基层，下生活，望闻问切，调查研究，闯荡江湖。这还不够，你想有大师那样深邃的创意，你心中就要有大师，在潜意识中处处给你指导点拨，在此基础上才有高水平的“内心自由创造”。这大师就是你自己对古今中外文化的兼收并蓄。并由此孕育而得的心力资源。如八大山人画作表现出禅宗精神，这好比有禅宗大师住在他心中，所谓“内心大师”云云实际上是创意人自身对创意活动真善美最高境界的一种不懈追求。表象丰富，大师高明，原创力就强大。

4. 直觉、悟，以禅的尽心功夫为基础

赵朴初说，禅是禅那的简称，汉译为静虑，是静中思虑的意思。一般叫做禅定。修习禅定为的是制心一处，参究真理以期显发智慧。

直觉——悟也是一种潜意识，在浓郁的信息输入，与“内心大师”的孵化孕育之后，要有一个松与静的阶段，以此释放潜意识信息、灵感，获得悟的结果。

5. 悟、直觉，伟大的精神飞跃

体悟、体认的“体”与“悟”都是指直觉方法。古人认为“体”是：“谓置心于物中，究极其理。”由观察而体悟，在《论语》中随处可见。前述“子在川上曰……”“岁寒而知松柏”等是从大自然体悟人生。而“觚不觚”，“八佾之舞”等是从社会变化蛛丝马迹，体悟天下大势。“体”也有比类的意思，中医常用此探求病因。人们对自然界的观察发现，风吹树动，甚至树倒，而认为人的肢体不由自主地动摇或扑倒，均为“风”所为。又如湿性喜水而沉重，故大凡人的肢体、头部有沉重感觉，均与水“湿”有关等。古人看到芥壳浮于水，而悟到舟楫之利，今人见飞鸟在天，而有制造飞机可能性之悟。北宋程颢认为只要我们在生活世界中随处体认天理。旨趣在：“欲常见造物生意”，如借把脉，感到生命的脉动，由雏鸡意识到生命旺盛力，等等。张载认为对于特殊事物的知识来自耳目感官经验，对于宇宙的整个普遍知识，则来自心的直觉。张载说：“天之明，莫大于日，故有目接之；天之声莫大于雷霆，故有耳属之；天之不御，莫大于太虚，故心知廓之。”对于声、光、电的知识，都是见闻之知，对于无穷的太虚，则无所用其耳目，知之需由心的直觉。

日本学者池田大作与英国学者汤因比用现代观点谈禅悟与直觉。池田说：直觉可以将整体来认识，并且直接探求其内部的本质。直觉是从潜意识层涌现出来，融入意识之中。汤因比：科学也好，宗教也好，是在创造者身上出现的那种称为伟大的精神飞跃的现象，就必须依赖直觉智能。他说：只是由于直觉多为主观性的，所以稍有偏差，就很容易自以为是。这样直觉所感受到的东西究竟正确与否，必须经过理性认识的检验。这是理性和直觉互为补充。比如爱因斯坦发现相对论，或牛顿发现万有引力，其发现本身固然是凭伟大的直觉智能完成的，但作为获得成功的前提，他们动用了一切理性能力进行了思考。池田说：潜意识是直觉的源泉。如果头脑的活动，只停留在意识的水平上，智力就不可能达到直觉。汤因比说：科学上的各种发现，都可以用理论性的语言来表达，用实验来验证的。事实上一项发现得到肯定，都是采用这种方法。但是，靠由意识之下，上升到意识之上的直觉——完成的。人类精神的创造活动，来自直觉，其根源在潜意识。池田说：科学的伟大发现，和伟大艺术家的创造灵感一样，是从直觉产生的。潜意识无疑是诗情和宗教洞察力的源泉。

6. 韩诗不入流在求悟优势的缺失

严羽《浪沧诗话》说："大抵禅道惟在妙悟，诗道亦在妙悟。且孟襄阳（孟浩然）学力下韩退之（韩愈）远甚，而诗独出退之之上者，一味妙悟而已。唯悟乃为当行，乃为本色。""学力"指知识学问，也包括著书立说的笔力。研究者认为，就文艺原创而言，学力不是原创的唯一前提。文艺原创靠的是"妙悟"。韩愈在文章写作方面独树一帜，但不知道学问太大，还是有许多思想急欲表达，他的诗作往往说理因素太多，违背艺术规律失去了艺术感染力量。孟浩然不是一般学问家，不以"学力"名世，他的诗歌体物抒怀，使学富五车的韩愈，在诗的灵气方面难以望其项背。

严羽认为"然悟有浅深"，"汉、魏尚矣，不假悟也。谢灵运至盛唐诸公，透彻之悟也"。就是认为，汉魏诗人，多出于自然，并没有意识地去"悟"。经六朝谢灵运等人而至盛唐名家，五、七言诗走向成熟，称为"透彻之悟"。其妙处"透彻玲珑，不可凑泊，如空中之音，相中之色，水中之月，镜中之像，言有尽而意无穷"。这是令人神往的境界。也是严羽妙悟的精义所在，尚不如此，艺术创作生命力不能体现出来。

原创的缺失，是因求悟优势的缺失。中国社科院王树人的研究认为:“原创需要求知、求理,但关键是求悟。悟性培育和提高,主要不是靠理性的概念思维,而是靠形象思维。中国传统经典,无论是儒家、道家,还是属于禅宗的,都是由形象思维产生出来,通过形象思维所创造。近代以来落后,原创缺失,形象思维丢失是根本问题。”由此看来,学会求悟,学会形象思维是今日创意人需要补上的一课。

7.“悟”,乔布斯创意成功秘籍

乔氏传记作者艾萨克逊,分析传主在创意方面的成功之道,认为:

(1) 直觉悟力使他受用不尽。乔布斯从大学辍学后,曾漫游印度,从那时开始,体验到了直觉与“西方理性思维”的截然不同。乔布斯说:“印度农村的居民不像我们这样动脑,他们利用直觉。在我看来,直觉是一种非常有力的东西,比头脑更加强有力,它对我的工作产生了巨大影响。”传记作者指出:在佛教禅宗的训练下,乔布斯逐渐把经验智慧看得比实践分析更重要。他不研究数据或咀嚼数字,而是像开拓者一样,通过察觉风中的气味来判断前面的情况。

(2) 站在人文和科技的交叉点上。乔布斯学会了一生受用的悟,那提供他创新的外界负熵资源是些什么呢?传记说:他花在艺术和文学上的时间,不亚于用在频率计数器上的时间。他研究莎士比亚的作品,崇拜他的语文老师,痴迷于科幻读物,这些东西都有创意大百科的意蕴。乔布斯说:“小时候我总觉得自己是个擅长人文科学的孩子,但我喜欢电子学。后来我从书里读到我仰慕的人物之一——宝丽莱的埃德温·兰德——说过,人应该站在人文科学与科学的交叉点上,我确定这就是我的目标。”传记作者说比尔·盖茨超级聪明,但他从没创造iPod,乔布斯超级善于发明创造，关键区别是能以创造力和美感应对挑战。（美感的特点之一是形象的直接性和可感性，离开了具体的形象，美感就不存在）在发明和创新的世界里，这意味着把对人文科学的理解与对科学的理解结合起来，把艺术性与技术性联系起来。

（3）洞见和践行的结合。孙展指出，人们谈论苹果公司时，常提到苹果是技术＋艺术，是科技＋人文，这忽略了乔布斯和禅的结合，是洞见和践行的结合。1972 年 17 岁的乔布斯接触到了禅宗（见图 6－3）。禅师要人们关注每一个当下，恰如你活在生命中的最后一刻。这一教喻，乔布斯牢记在心，并终生践履。他把禅的修行方式带到创办苹果公司的整个过程中。在他 30 多年的职业生涯中，有过诸多的戏剧性时刻，包括被自己创办的苹果公司开除。但每一次他都东山再起，并创造出更为广阔的境界。

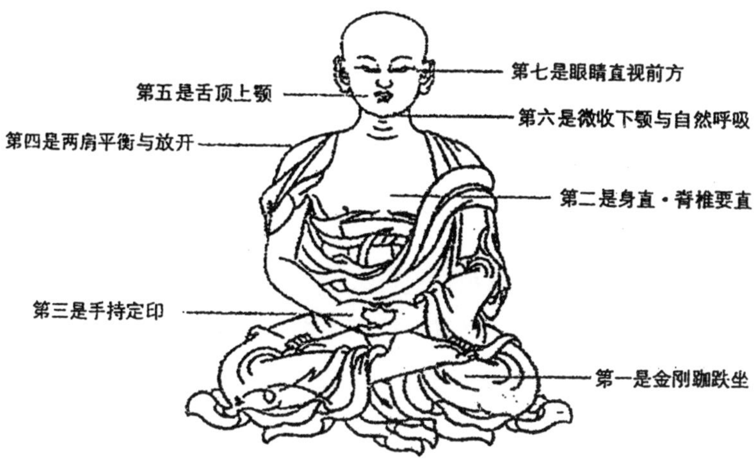

图 6－3 坐禅图

艾萨克逊提到，乔布斯把对事物专注的能力，和对简洁的热爱归功于他的禅修。禅修磨炼了他对直觉的洞见能力，教他如何过滤掉任何分散精力或不必要的事情，在他身上培养了一种至简主义的审美观。禅带给乔布斯的是一种在众多纷扰之中凭借直觉、辨识方向的能力。就如1997年他回到苹果公司所做的那样，将数百个研发项目砍掉，只保留其中10个。他让苹果公司从一家推行惯常商业运作模式的庸常公司，重新回到一家以产品为导向的公司。他又把“人”放回到了中心。由创造产品演化到分析人与产品间的关系，进而再演化到分析人与人之间的关系。接下来就如我们所看到的iMac、iPod、iPhone、iPad相继诞生。

8. 中国制造到中国创造

(1) 仰观俯察，宏观着眼。“至简主义”，抓住核心产业机制调整不能仅仅限于产品本身所属的因素，如材料、技术、工艺、设备、装饰、广告、包装等内部因素，如果这样的话，就根本摆脱不了知识产权纠纷的困扰。清华大学柳冠中说，只有用我们自己的眼睛，观察分析用户潜在的需求，建立自己的研发机制，确立自己的企业品牌战略，把握自己的核心竞争力，以具有自己知识产权的“新物种”去创造市场。在全球化竞争中，还需要扩大视野，知道我们应该如何转型。

(2) 在艺术与科技交叉中借力。科技+艺术使上海“广茂达”的灯光技艺攀上了全球领导地位。“水立方”的“晕染”和世博轴、魔幻船的光艺效果达到巅峰。他们不断输出设计，中东多哈第一高楼，科威特的哈马拉大厦及迪拜的跑马场青睐他们的作品。该公司荣膺全球照明界权威：国际照明设计师协会和北美照明学会大奖。他们的成功，在于科技与艺术的交叉。总设计师温源说，设计师有多少艺术灵感，我们手中就有多少艺术灯光。当初由于从业人员都从转型而来，结果工程师缺乏艺术设计感悟，艺术设计师无法理解新技术。他们就独辟蹊径，培养了自己的技术艺术兼备的灯光景观架构师。让工程师迸发艺术灵感，艺术设计师精通技术应用。他们的成功，正是由于科技与艺术的交叉结合。

艺术与学问的交叉——“学艺双携”。香港著名画家及“国学大师”饶宗颐说：“我是一向主张学艺双携的。”他对“学艺双携”的探索，受到赞誉。曾德成说：“学艺双携，于丹青琴韵中，钩沉文史，涵泳古今，以学问来养育艺术，用艺术来滋补学问，以丹青不老之心去探索学问，亦用一个人文学者的深度来表达艺术。”邓伟雄说，许多画家临摹八大山人，学的是技巧，但饶先生关注的是八大画中表现的禅宗精神。又如元代许多画家与道教有密切关系，饶先生对他们的画和道教都很有研究，临摹时就着重道教精神。其实，古代大书画家，从宋代的苏东坡、明代的文徵明，到清代的一些画家，都是大学者。在当代，如果不是大学问家，也是很难成为书画大家的。

学问、科技与艺术交叉，而有大的魔力，这种情况可以追溯到文艺复兴时期的一位创造界的“太祖高皇帝”——达·芬奇。著名学者梁启超 20 世纪初在美术学校对学生的演讲中风趣地说：大自然这个娘，生了两个儿子，一个是阿特先生（艺术），一个是赛因斯先生（科学）。文艺复兴的太祖高皇帝达·芬奇，兼精艺术与科技。他不但是大美术家，还是大科学家。近代生物学是他筚路蓝缕开辟出来，他又会造飞翔机械、铁甲车船。如果生物学家有道统图，当推达·芬奇为先圣周公，达尔文不过是先师孔子。人类虽然向来和大自然耳鬓厮磨，但总是“相忘于江湖”。直到文艺复兴才算相识相认，便一口咬住，不肯放松。科学与艺术沟通的隧道在“观察自然”。美术家的观察不但周全精密，更要深刻。苏东坡论画竹说道：“画竹必先得成竹于胸中，执笔熟视，乃见其所欲画者。急起从之，振笔直遂，以追其所见，如兔起鹘落，少纵即逝矣。”这是美术的密钥。达·芬奇为科学家不祧之祖,在善用五官和脑筋。科学根本精神全在养成观察力,养成观察力的法门很多,但没有比美术更直接了。观察的条件:第一,要对所观察对象有十二分兴趣,全副精神。第二,不许有丝毫主观偏见掺和在里头。若有一点,所观察便会走样。要言之,热心和冷脑是创造第一流艺术品的主要条件,又是科技的主要条件。美术家成功,全在观察自然之美,怎样才能看得出自然之美,最要紧是观察自然之真,不唯美术出来了,连科学也出来了。所以美术可算得科学的金钥匙。

英国量子物理学家 D. 玻姆也谈到过科技与艺术的关系,他说,我个人发现,与艺术家交谈、通讯,并欣赏他们的作品,对我从事科学研究是大有裨益的。这类接触主要效果是引导我以新眼光看待研究对象的结构,直接用感官去知觉它。直觉比我们长期学会的抽象地认识对象结构的方法局限性的好处是,抽象的方法只有逻辑推理一条渠道,而感官知觉的方法,实际上有许多未经探索的方向始终开放着,心灵可以自由地去考虑各种新的结构概念。人们从习以为常固有观念的巨大网络中解放出来。上述固有观念主要是通过教育训练,在无意中吸收的。如果不受通常习惯左右,就可以有真正的创造性。

梁启超、玻姆等大师,为创意人产生大作,指点了迷津。

(3) 向古代和民俗、民间及域外优秀文化中丰富的想象力资源借力。王国维指出,人类远古文化想象力极为丰富:"夫儿童想象力之活泼,此人人公认之事实也。国民文化发达之初期亦然,古印度、古希腊壮丽之神话,皆此时期想象之产物。以我中国论,则南方(楚地)文化之发达,较后于北方,则南方之富于想象亦自然之势也。"

古代想象力存在潜意识中,荣格说,文化创作有两种类型:一类是“幻觉型”，这类作品的素材，来自人类心灵深处的某种陌生的东西，是人类不能理解的神秘世界的原始经验。这种经验世代积累下来，沉淀在人们的无意识深处，是历史在“种族记忆”中的投影，他称之为“集体无意识”。他说每个民族处于混乱的时候，潜藏蛰伏在人的无意识的原始救世主形象就会复苏过来，呼唤作家根据古老的神话进行创造，引起全民族的共鸣。荣格的话启示我们：要创作优秀的作品，作家必须谙熟该民族稳固的心理特征，汲取其中丰富的想象力资源。钱学森曾说：科学创新、文学创作都应该用丰富的潜意识资源。他说，科学上的创造，光是用严密的逻辑思维不行，创新的思想往往开始于形象思维，从大跨度的联想中得到启迪，然后再用严密的逻辑加以验证。他又说，既然文学创作中也要用抽象（逻辑）思维、形象（直觉）思维和灵感（顿悟）思维，那我国几千年古老的文学作品，不就是三种思维的结晶吗？我们为什么不从中国的赋、诗、词、曲及杂文小品中学习探讨思维呢？他们是最丰富的源泉！

我们再来看看创作“史诗”般作品的“世界文化名人”，伟大诗人屈原是怎样搞中国原创的。屈原不仅熟知我国古代神话，如在《离骚》《九歌》《招魂》《远游》等诗篇中，神话传说和诗人的想象、抒怀紧密融合在一起。特别是在《天问》中，神话传说和历史相交织，一连问了 170 多个问题。女娲、羿、河伯、鲧、禹、尧、启、稷等传说，都被包括在内，想象奇特，气势宏伟，光彩夺目。据专家研究认为，我国早期小说，如六朝志怪志异，多从神话传说，包括后来兴起的佛教传说中吸取营养。直到后来的《封神榜》、《西游记》等创作，无不接受了古代神话传说的艺术影响。这影响同样表现在陶渊明、李白等诗人的优秀诗篇和以后出现的戏曲。

再从 2012 年诺贝尔文学奖得主莫言的创作来看，诺奖评委会授予莫言的颁奖理由是“（莫言）用魔幻般的现实主义将民间故事、历史和现代融为一体。”莫言说：“我的家乡（山东高密）有三贤四宝，泥塑、剪纸、朴灰年画、茂腔，这些民间艺术、民间文化都伴随着我成长。我从小耳濡目染，就是这些民间文化元素，所以当我拿起笔，进行文学创作时，这些民间文化元素，不可避免地进入了我的小说，影响了，甚至决定了我的艺术风格。”

我们现在搞创新所以强调重视民族文化。不仅仅作为装饰性元素，更要汲取其丰富的想象力。民间歌谣和神话绝大部分是标志人民意欲愿望的。初民创造出想象中美好事物来满足自己的要求与向往，这就往往会把超现实的，即想象的境界，作为自己的精神追求强烈地表现出来。优秀的民族文化是想象力极富足的创意负熵之源。解决今天想象力缺乏的途径之一就是要学习熟悉优秀民族文化。说起对民族文化的了解与掌握，我们这一二代人比起有些境外中国文化学者，要逊色一些。这就要大力提倡学习继承，加强“产学研”三结合：创意人要克服只管埋头制作，不管优秀传统借鉴；学院缺少对中国文化精髓及如何在我们的创意中应用的研究。产学研结合，则“中国创造”汩汩涌流的日子就不远了。

加拿大著名动画教育家罗宾京教授，曾就中国动画如何从中国制造到中国创造的问题也谈到了应向中国历史、文化借力的问题。他说中国有悠久的历史文化，中国动画需要更深地挖掘历史，结合中国的神话，中国的民俗，以及每天变化的日常生活。尊重中国的文化，用全球的框架来表达，讲述能够被全世界观众欣赏和懂得的故事。只有这样才能从中国制造转变到中国创造。

创意人也不拒绝域外优秀文化的学习引用。如英国的莎士比亚则是德国人贝多芬的精神导师之一。专家指出，莎翁的戏剧艺术，像一所文科大学，培养熏陶了好几代伟人，其中贝多芬就是一个。据史料说，在贝多芬的遗物中，人们发现了他生前反复诵读的是画上了许多记号的莎士比亚全集。《暴风雨》、《罗密欧与朱丽叶》，以及莎翁其他剧作，成了他音乐作品的源泉。据德国著名贝多芬学者雪林的研究，贝多芬的弦乐四重奏（降 E 大调，作品第 74 号），便是以《罗密欧与朱丽叶》为创作背景的。弦乐四重奏（作品第 95 号），对应《奥赛罗》。晚期作品第 130 号和 131 号，弦乐四重奏，分别对应《仲夏夜之梦》和《哈姆雷特》。《日光》和《热情》奏鸣曲，分别对应《李尔王》和《麦克白》。据多位贝多芬传记作家说，贝多芬熟悉莎士比亚的作品就像熟悉自己的总谱一样。早在青年时期，贝多芬同朋友谈话时，内容除了哲学、政治问题，便是莎士比亚。莎士比亚是贝多芬的精神导师之一。其他几位精神导师是荷马、柏拉图、康德、歌德和席勒。

第七章

创意在想象

哲学家说：意识在反映客观现实的同时，也创造出现实中不存在的观念，表现为观念上的超前性。假如我们把过去看作是一个人类发现世界的过程，那么在发现世界已经达到一定程度时，我们的将来就是一个创新的过程。因为等待我们去发现的世界将变得越来越小，而创新的世界则是无限的。经济学家说，人的创造力的释放，“创造了新的产品和新的市场需求”。例如，从汽车业的初始发展来看，不是存在于 20 世纪初的汽车的需求，而是在科学革命、工业革命基础上制造廉价的 T 型福特汽车的能力，促进了现代对汽车的大量需求。

一、创意是诗情画意与求实科技相交叉的造梦——创造之旅

19 世纪英国浪漫主义诗人雪莱指出，科技是属于重分析事实的，诗的想象力是重穿透和超越的。想象力的集中表现为诗和哲学；分析的集中表现为科技（与科学理论有区别）。想象力的发展超越物质世界，而分析力的发展，产生人对征服自然的强烈愿望。想象力与分析力结合可能产生最时尚的创意。

1. 创新和创意

英国创意产业特别工作组认为：如果把创新理解为工业革命时代技术层面的创造和更新的话，则“创意”一词更能表达知识经济社会中，人的思想的价值创造，其最明显标志是有知识产权性。创意产业是知识经济的核心产业之一。

德国政府与民间企业携手打造“创意国度”招牌，其主席是时

任总统克勒。其官方网站有这么一段定义“创意国度”的话:“这个词表达了与这个国家有关的正面评价:科学与文化之国——诗人及思想家的国度(近代德国产生过黑格尔、歌德和贝多芬。在100年多一点时间里(1685—1797),德国音乐七颗明星光华四射,巴赫发现了永恒,亨德尔发现了光辉,海顿发现了自然,葛吕克发现了英雄,莫扎特发现了天堂,贝多芬发现了悲痛和胜利,舒伯特发现了歌唱的心)及带着德国制造标签的新产品的国度。”并认为“前者是美好的精神的代名词,品德代名词,后者是优秀产品的代名词”,等等。一般说“创新”仅指解决技术层面的原创问题,而“创意”是指今天知识经济领域和其他方面事物的原初创造。

我国刚放下用了几千年的锄头镰刀,而已进行了几百年创新经济的发达国家,近几十年,又开始搞创意经济,我们面临转型再转型的现实挑战。(德国是后起的工业国,当初的“德国制造”和日本的“东洋货”一样,纰漏太多,遭人诟病。老牌的英国瞧不起它们,一度禁止其进口。后起者发奋图强,其产品才有今日的良好口碑)

创意是造梦。近年来的意大利“双年展”与意大利“设计50年展”,两个设计创意展的共同特点:第一眼让观众出乎意料;第二眼让观众茅塞顿开。办展当局指出,意大利设计创意的目标是:“为一个没有时间做梦的世界提供梦想。”人类梦想就是有诗情画意前瞻想象引领的行动努力方向。人类从原始时代起就在追梦,这可以从原始人的洞穴岩画上看出来。在世界许多地方,都发现过原始人所作的岩画。这些岩画都是猎人的梦,前瞻的梦引领他们在漫漫长夜中摸索与创造,摸索体悟猎物的习性、工具技术如何改进,以及希望多打到猎物愿望。雅·布伦诺斯基指出:岩画是人类第一次表达出预期的力量——前瞻的想象力。岩画起着想象力望远镜的作用。岩画使人的思维，从看到的东西，转向可以推断或猜想出的东西——这就是想象力。

想象力是时间的望远镜。作这些岩画的人类，与当时在场的人类，他们通过那架“望远镜”看到未来。他们在人类攀升过程中，一直在看，因为人类文明，都基本上是人类想象力不断成长与发展的过程。“五月花”的人们立志到北美去建立一个新国家，也有梦——新教的梦所引领。马克思根据社会发展规律，提出和论证了未来人类社会发展的图景，并指引、鼓舞着人们去作更深入的探索与实践。

2. 创意在想象

埃及哲人问古希腊艺术家：你们是否升到天上去把神像临摹下来的？

创意“无中生有”的“有”，一般是通过观察与想象得到的。柏拉图问，诗人凭什么写出他们的伟大诗篇？答案是灵感。灵感又来自哪里？柏拉图说：来自两种渠道，一种是神灵附到诗人或艺术家身上，使他处在迷狂状态。一种是把灵感送给他并暗中操纵他去创作。柏拉图又说：“凡是高明的诗人，都不凭技艺来做成他们优美的诗歌，而是因为他们得到灵感，有神力附着。”柏拉图又说灵感的第二种来处是“不朽灵魂从前生带来的回忆”。

柏拉图提的问题是如何搞创意，对此，雅典学者斐斯屈拉特所写的《阿波罗琉斯的传记》，说到阿波罗琉斯向一位埃及哲人指责埃及人把神塑造为一些下贱的动物，并且告诉他希腊人都用最好的最虔敬的方式去塑造神像。埃及哲人就问：“你们的艺术家们，是否升到天上把神像临摹下来，然后用他们的技艺，把这些神像塑造出来，还有什么其他力量来监督和指导他们塑造呢？”他回答说：“确实有一种充满智慧和才能的力量。”埃及哲人问：“那究竟是什么力量？除掉模仿以外我想不出还会有什么其他力量。”接着就是以下一段有名的回答：创造出上述那些作品（指著名希腊神像雕刻）的是想象，想象能塑造出未见过的事物。它会联系到现实去构思成它的理想。模仿往往是畏首畏尾，想象却无所畏惧地朝已定下的目标勇往直前。如果你对天神宙斯，有所认识，你就得把他联系到他所在的天空和众星中间一年四季的情况。菲底阿斯就是这样的。再如，你如果想塑造雅典娜女神像，你也就必须在想象中，想到与她有关的武艺、智谋和各种技艺，以及她如何从她父亲宙斯的头脑中产生出来的。（据希腊神话，雅典娜是智慧女神、工艺女神和女战神，又是雅典城邦的女护神。她母亲怀她时，她父亲把她母亲吞吃下去，雅典娜是从宙斯头脑里生出来的）

这里可注意的是“塑造人物时须联系到人物的全部身世和活动去构思”。如在滑稽戏《72 家房客》中，表演艺术家绿杨不断捉摸并追溯自己扮演的“二房东”的“家史”。发现“二房东”嫁给流氓炳根之后，学会了流氓腔，就设计成总是横捏香烟卷，大拇指和小拇指翘起，指指点点，二郎腿抖抖，语言刻薄的形象，演得很有个性。

阿波罗琉斯又说：“想象都能塑造出未见过的事物，根本不排除虚构。”神怪志异小说，如《封神榜》、《西游记》和现代科幻小说等，其中对天界、冥界、神界、魔界及未来宇宙世界的描写，都是想象加工的结果。想象力可以“思接万代，视通千里”把千年万里之遥的事物表象，在头脑里捏合在一起，超越原有、创造出崭新的东西。

二、创意技法

1. 理念为先，统摄杂多

从事艺术创意，同治国、治厂、治校一样，总需先有一主旨——

意，柏拉图称为理念。有了意、理念、主旨，才能避免瞎折腾。柏拉图说："我们经常用一个概念，统摄杂多。木匠制造每一件用具，都按照那件东西的理念来制造。"这在先的"理念"与东方创造学"意在笔先"的"意"相似。艺术史上不计其数艺术品的创造方式，都是从"意"——理念出发，然后在生活中找到个别事物作为类比参考。鲁迅说，作家取人为模特儿有两法。一是专用一个人，……二是杂取种种人合成一个。如中世纪欧洲画家描绘耶稣，常常在众人中挑选一位面貌最近于理想中的耶稣的人，作为模特儿照着写生。而中国画家画佛像不用这办法，画师留意于千万人的面相，从其中选出眉、目、口、鼻、耳等部分，牢记其特点，集大成在心中，凑成近于十全十美的相貌——如假定为佛的相貌。敦煌壁画就是这样画的。晋朝大画家顾恺之提出"传神写照"，追求神似，如佛之庄严。欧洲艺术家用生活中的个别形象——模特，照着写生，但模特的选择是以先行理念为准。如米开朗琪罗作《大卫》像，选刚毅之士为模特，而又依据"城市卫士"的理念标准。

2. 借物得姿，烘托主旨

搞创意，当先有个理念——意，这个理念又是从哪里来的呢？还是靠前面说过的仰观俯察妙悟得之，但是理念不能是光杆司令，而要借物托姿，才能表现活灵活现的创意风采。如从一唱三叹，包含委婉而悠长深厚意味的《诗经》故事的许多具体作品中，古人归纳出"赋、比、兴"的美学烘托原则和创作方法。宋朝朱熹解释："赋者，敷陈其事，而直言之也。比者，以彼物比此物也。兴者，先言他物，以引起所咏之辞也。"明代李东阳说："所谓比与兴者，皆托物寓情而发之者也。盖正言直述，则易于穷尽而难于感发。惟有所寓托，形容模写，反复讽咏，以俟人之自得，言有尽而意无穷，则神爽飞动、手舞足蹈而不自觉。"

化静为动的烘托技巧。如古诗《陌上桑》"……行者见罗敷，下担捋髭须，少年见罗敷，脱帽着帩头，耕者忘其犁，锄者忘其锄。归来相怒怨，但坐观罗敷。"这比此诗上文"头上倭堕髻，耳中明月珠。湘绮为下裙，紫绮为上襦。……"那一段静止现象的罗列，要生动得多。再如化美为媚。"媚是动态的美"(莱辛语)。《诗经·卫风》中例子"……手如柔荑，肤如凝脂，领如蝤蛴，齿如瓠犀，螓首蛾眉；巧兮倩兮，美目盼矣"。前五句历数静态，但我们无法把这些嫩草(柔荑)、浓油(凝脂)、蚕蛹(蝤蛴)、瓜子(瓠犀)之类东西拼合起来，造成一个美的形象。但最后两句便是化美为媚，化静为动，一个美人的姿态神情很生动地描写出来了。

山高水远得姿法。钱锺书说，绘画以水最难状，必杂以山石为波浪，以鳞作点缀，"不足于水，借物得姿"，即画水时要画石，用水激石头来画出流水的各种姿态。作文中写水也是这样，如苏东坡《念奴娇》"乱石穿空，惊涛拍岸，卷起千堆雪"。这里写水先写"乱石穿空"，再写水拍打乱石"卷起千堆雪"才成惊涛。画石、写石都是"借物得姿"，烘托水势。宋代山水画家郭熙作画经验："有山欲高，尽出之则不高，然霞锁其腰则高矣。水欲远，尽出之则不远，掩映断其脉则远矣。"即欲山高，需在山腰画些烟霞，便显得高。欲使水远，需画些遮掩，让水时断时绕，便显得远。中药用"君臣佐使"法，以尽药效。"借物得姿"可使创意增姿色。

3. 创意在"奇"。内容不落俗套，技法难能而可贵

美感如何才有？卡斯特尔维屈罗认为"美感的来源不外两种，一是题材的新奇，另一种是处理手法上所出现的难能的技巧"。他说，对艺术的欣赏，就是对克服了的困难的欣赏。

创意题材的新奇有个原则，即创意要在情理之中，又在意料之外。亚里士多德《诗学》说："一种合情合理的不可能，总比不合情

理的可能较好。”前者更符合诗的要求。所谓合情合理的是指假定某种情况是真实的，在那种情况下，某种人物做某种事，说某种话，就是合情合理的，可以令人置信的，而在他所假定的那种情况下，他的描写都是真实的，合情合理地表现出事物的普遍性和必然性。

亚里士多德说：主要是荷马把说谎说得圆的艺术，教给了其他诗人。秘诀在于一种似是而非的逻辑推理。如果假定A存在或发生，B就会存在或发生。人们因此就想到：如果B存在，A也就会存在——但是这是一种错误的推理(例如假定“天下雨，地就湿”，就此推论出“地湿了，天下过雨了”，这就是错误的推理)。研究者指出，亚里士多德这段话，有极深刻意蕴。艺术逼真并不是毕肖于现象浮面的真实，而是要揭示现象内所含的普遍性与必然性。因此，它的前提不妨是，假设或虚构在历史上是不可能的，但在假定的前提下，如果所写都尽情尽理，令人看到就起逼真的幻觉，这就尽了艺术的能事。鲁迅说：“艺术的真实非即历史的真实，因为后者须有其事，而创作则可缀合，抒写，只要逼真，不必实有其事也。然而，他所据以缀合、抒写者，无一非社会上的存在。从这些目前的人、事，加以推断，使之发展下去，这便好像预言，因为后来此人、此事，确也正如所写。”

技巧追求难能，使创意增色而可贵。文艺复兴时代的绘画艺术家潜心研究透视学、色彩学，运用解剖学，这些前所未有技巧上的追求，加上时代精神的灌注，使画作一改中世纪人像比例不协调，色彩灰暗，神情呆板等问题，并由此推进了西方艺术的跃进。宋朝王安石，提倡用难的技巧来创作“世之奇伟”的文化艺术。他在《华山游记》中说，华山有一个很深的洞，又黑又长，“非有志者不能至”。人们终于怕有进无出而不敢游到底。他说：“世之奇伟瑰怪非常见之观，常在险远，而人之所罕至者，故非有志者不能至也。”不难则常见，常见则无奇，要奇，在技巧上必须克服巨大困难。

古人教我们很多出奇制胜的方法。《孙子》说，“凡战者，以正合，以奇胜。故善出奇者，无穷如天地，不绝如江河”。“奇正之变不可胜穷”，各行各业的创新常受此启发。如“草船借箭”，“围魏救赵”，如侯宝林的“关公（汉朝人）战秦琼（唐朝人）”，“醉汉也精明，不肯爬手电光”等相声段子，脍炙人口。一则化妆品广告：“今年20，明年18”为人津津乐道。上海设计中心的墙上，写了许多充满以奇制胜，创意玄机的语句：“让新鲜的事，变得熟悉；让熟悉的事，变得新鲜”，“创意是让‘因为’……‘所以’的顺向思维，转到‘应该……‘但是’的逆向思维”，“创意的关键是找对人说对话，做对事”。一位首席策划师说：“为什么奶油加水是假货，水加奶油就变成新产品了”，“创意是心的换位”，等等。

奇要在情理之中，奇得有深度，而不是乱提口号。有段时期，有不少过于雷人的城市口号。其中重庆策划的“没到过重庆，就不了解中国”一度当选“十大雷人口号”之首。“两个胖胖欢迎您”是合肥的城市口号，“一座叫春的城市”曾是宜春的口号。人们想用这样的口号来宣传自己的城市文化，却成了不合情理的雷人笑话。城雕艺术家严友人以城雕为例说：“好的城市雕塑，最重要的是要有魂，只有蕴含了一座城市的文化意蕴，才说是有灵魂的雕塑”。其实城市与文化的关系不言而喻，非常古老。说起盛唐长安，人们会想到那里是开放而包容的大唐气象。说起明清的苏杭，会想到那里市井文化的繁荣与隐逸气质。“上有天堂，下有苏杭”，以及“桂林山水甲天下”正是说对了话，又说得有深度。

创意忌俗套。物理学家福克说：“伟大的发现，都不按逻辑的法则。”独树一帜创意是不能落入窠臼的。而“合肥——两个胖胖”，“宜春——叫春的城市”，从逻辑上说都落入了窠臼俗套。吕东莱说:“死语不离窠臼。”并释活法:“规矩备具,而出于规矩之外;变化不测,而皆不背于规矩。”苏东坡说:“出新意于法度之中,寄妙理于豪放之外。”总之,创意既要主旨合乎情理,表现手段又要新奇。而庸俗、陈旧的东西,人家不要看。

4. 创意要有发现的眼光

清代的叶奕说:“凡物之美者,盈天地皆是也。然必等待人之神明、才慧而见。”法国雕塑家罗丹也说:“美是到处都有的,对于我们的眼睛不是缺少美,而是缺少发现。”美的发现有待神明、才慧和思想境界、理解水平的提高。初生儿,他的境界只在吃饱睡足,还谈不上对宇宙人生的理解。庄子写《逍遥游》想要表达的是他的这样的发现:只有顺着自然本性,才能驾驭天地间的阴、阳、风、雨、晦、明的变化,不受时空限制而任意遨游。这样的能耐,只有靠鲲鹏那样大气的神明、才慧,境界才能达到。

《逍遥游》写道:“北冥有鱼,其名为鲲,鲲之大不知其几千里也。化而为鸟,其名为鹏。鹏之背不知其几千里也,怒而飞,其翼若垂天之云。是鸟也,海运则将徙于南冥……南冥者,天池也……鹏之徙于南冥也,水击三千里,抟扶摇而上者九万里……且夫水之积也不厚,则其负大舟也无力。覆杯水于坳堂之上,则芥为之舟。置杯焉则胶,水浅而舟大也。风之积也不厚,则其负大翼也无力。”庄子又写见识与境界浅薄的小动物,嘲笑大鹏:“蜩与学鸠笑之曰:我决起而飞,抢榆枋,时则不止而控于地(碰上树桩就停下来,又时飞不上去,就投落到地面),而已矣,奚以之九万里而南为。”庄子还写不知有晦朔的朝菌和不知有春秋的蝼蛄等小动物,它们的境界和神明、才慧、见识不够,就不可能有大鹏那样大的能耐和发现。

发现能力的提高,还在善于打破常规,换位思考。庄子《逍遥游》还说,魏王送给惠施一些葫芦种子,长出了能装五石米的大葫芦。通常，葫芦是当舀水的瓢用的，惠施也照这思路想。把大葫芦剖开，因葫芦壳太薄“其坚不能自举”。要是盛水，一拿起来就碎了。惠施看看这东西，一点也不实用，就把它们砸了。庄子说，真是不会善用大葫芦啊！并举了一个例子说：宋国有一人家，有祖传治手龟裂的秘方。一路过买卖人，听说这情况，就提出愿以百金买秘方。时诸侯混战，这人买了秘方直奔吴国，游说吴王，吴王就派他带兵，选在隆冬腊月，对越国开战。吴国有此秘方，可以手脚不冻，不皴手，不生疮，战斗力十足。越人没这秘方，这一仗吴国大胜，献秘方的人，裂地封侯，身份非同一般。庄子告诉惠施，大葫芦也是这样，你为什么要剖开当瓢使呢？如果是一个完整的大葫芦，可以系在腰上浮游大江大河。庄子的寓言告诉人们，一个人的神明、才慧、见识大小，境界高低，决定他的思维方式。路过宋国的买卖人，走南闯北，见多识广，善于换角度思考问题，因而有新发现，新创意产生。孔子说“七十而从心所欲不逾矩”。评论家指出，从心所欲者，往往“逾矩”。不逾矩者，又往往不能从心所欲。凡欲有创意，不应背负“矩”的包袱。我们既要破除惠施那样背负的“矩”——“一根筋”思维，又要像脑子活络的买卖人那样，善于转换思路。提高新发现的悟性。

科学发现悟性的提高，也要学会多角度思考。有人问物理学家杨振宁：成功是否有什么诀窍。杨振宁说，除机遇和环境因素之外，主要应该面对原始的物理问题，不要淹没在文献的海洋里。他说：这原始的基本问题，没有多少文献可参考，主要是从新的角度去考虑。运用新的观念和独特技巧，才可能加以推进。因此这种研究结果，很可能是一些新理论、新数字结构、新物理学观念的出发点。杨振宁反对老是读文献。认为这样会有被别人牵着鼻子走的危险，而且忽视物理学原始问题，许多创造性就会被窒息。杨先生的这些意见是很宝贵的，实际上这是一种有气魄的原创态度。任何行业的开拓者都要积极用自己的眼睛和头脑仰观俯察寻找到基本的原始问题，并勇于面对这样的问题，用新的观点，独特的技巧，和多角度方法攻关、推进，打开新局面。科研如此，各行各业的创意如此，执政治国亦如此。

5. 创意怎样才会有意味，有深度，有灵魂？

一些艺术作品，有的可火热一时，而过些时日，便被人遗忘。大量商业电影看过便忘，而卓别林却长留记忆。唐诗宋词可以百读不厌，许多作品可以让人玩味无穷。这无穷玩味影响于读者或观众的整个心灵的，是作品的深层意味。美学研究者认为，成功作品之有持久性，就在这意味层次。

意味问题，有两个方面，一是意味如何有深度。这是洞察力和想象力结合的问题。中科院院士肖纪美说："未经逻辑训练的纯想象力要散向四处辐射，虽有智慧的光，但深度不够，孩童式的。"康德说："艺术家有将深刻的人生内容，转化成艺术形式的伟大才能，以造成深刻的意味层次，这就要求艺术家能够走在思想家、理论家前面。最早捕捉到和表现出富有重大时代意义的课题，尽管艺术家不能从理论上了解它们、分析它们，却能从艺术上反映或表现出来。"一位俄国思想家在谈到文学创作时说：一个艺术家在他的作品中，把一些普通概念加以接受、发展并且表现，是和寻常理论家完全不同的。艺术家所处理的不是抽象的观念与一般原则，而是活的形象。思想就在其中显现，在这些形象中，诗人可以把它们的内在意义——这对于自己甚至不是自觉的，远在他以理智把它阐明以前，就加以捕捉，加以表现，有时候艺术家就根本没想自己在描写着什么。评论家指出，如陀思妥耶夫斯基有些作品虽然艺术形式粗糙，但因为它提出和触及了根本性的人生问题，超越了感知的愉悦，而具有深刻的人生意味。提倡艺术家有思想、理论的修养，作品才能避免“孩童式”的肤浅，而保持洞察力和深意。二是作品怎样有灵魂、魔力的问题，在有些作品中可以感到想象的力量，有些则没有，这不是没有想象，而是想象没有灵魂。康德指出：“有些艺术作品，尽管从审美观点看，无瑕疵可指，却是没有灵魂的。”“灵魂”究竟是什么呢？康德说：就是心灵中起灌注生气作用的本原。艺术要通过一种完整体，向世界说话，但这种完整体，不是他在自然中所能找到的，而是他自己心智的果实，或者说是一种丰产的神圣的精神灌注生气的结果。

魔力，作品赖压力的迫击、热力的燃烧、独创力的陶铸、熔炼而成，产生所需要的色泽即魔力。戴琨西说：“与人以魔力者，则为文学；与人以知识者，则非文学。所谓魔力者，入人深，动人烈，非平常生活所能也。”褒劳说：“蜜蜂从花里所得来的并不是蜜，只是一种甜质，蜜蜂必须把它自己的东西——分泌物，即所谓的蚁酸，注入这甜质里，就是把这单是甜质的东西改造为蜜。在文学的作品里面，日常生活和经验，也是用与这同样的方法改变而使其高尚化的”。

古诗云：“会当凌绝顶，一览众山小。”“欲穷千里目，更上一层楼。”要提高发现的神明才慧，要使想象有深度，创意有灵魂，除了勤于观察，深于妙悟之外，更要扩大视野，尤其要学点哲学和历代伟大作品。这是心灵向创意作品“灌注生气”作用的本原。

(1) 学点哲学，掌握宏观。哥白尼在宇宙观方面“鹤立鸡群”才能发现和提出有深度、与众不同的“日心说”。哲学又是“杀毒软件”。

物理学家杨振宁对与自己合作了 30 年的数学家谷超豪的评

价是“站在高处向下看，看到了全局”。怎样站到高处？就是要有把握问题全貌的能力，有哲学头脑。哲学的对象是宇宙主体，学哲学可以扩大眼界，有了大视野看问题就有深度与高度。有个故事说美国有位飞行家，坐着飞机飞出地心引力以外去了，看见了一个神仙，他就问，某城在什么地方？那神仙说，不知道。他又问美国在什么地方？神仙说，没有听说过。他又问亚美利加洲在什么地方？神仙说也不知道。又问地球在什么地方？神仙也说不知道。最后他问，太阳系在什么地方？神仙说，等着，我给你查一查。就拿来一张图，看见有一个小点，旁边写着太阳系三字，才知道太阳系在宇宙中，也不过是一个小点。何况小而又小的某城呢！提高境界，扩大视野，均有益于创意水平的提高。以哥白尼深化行星运动的认识为例，生活在地球上的人们，每天看到太阳东升西落，所以远古人类就凭忠实直观形成了“地球中心论”，近代以前，人们认为这种认识是同自己的经验相吻合的，因此十分虔诚地信奉这种学说。哥白尼在他的长期观察中，他所看到的天体运动现象是与一般人没有区别的。然而他并未就此止步，他借鉴前人——古希腊智者塞莫斯的阿利塔克关于地球绕日公转的猜想，转换了看待问题的视角，设想自己是从恒星上来观察地球和其他天体，从而提出比“地球中心论”更合理、划时代意义的“太阳中心论”。这正是站在高处，对问题看得更深了。

哲学又能帮助创意人建立“三观”：世界观、如是观和因果观。世界观是一个人看世界的主要视点。赖声川认为：创意人在任何时候感觉到的信息中，总会有未经“自我”处理就涌入的。如在心中装了“杀毒”软件，就会自动处理掉垃圾。世界观将充当垃圾的辨识系统，其辨识力即由一定的世界观、价值观培养而成。赖声川指出，有的创意人有些奇幻想象，但没有稳定世界观，他都是随机而为,只要碰到新的、未闻见过的东西都有兴趣。这样的喜好反映在他的创意作品中,其“创意”可能绝对新奇引人注目,但没有世界观支持,便联结不到更大更深刻的观点,而会使人缺乏深刻印象。如是观,就是实事求是,能真实观察到客观世界原貌的能力。要做到这样,就要减少情绪的干扰,直接穿过概念的条条框框。心中不执着,方能看到事物的原貌。因果观就是透视事物前因后果的能力。这要对事物进行各个视角的辩证分析,才能知道原因及原因的原因。

哲学在艺术创造方面也有重要意义。研究者指出,托尔斯泰所以成为世界性文豪,本质上是有深邃哲学背景的文学家,他的创作就能雄视百代。

(2) 学点各时代伟大作品,站在百代巨人的肩上雄视百代。汉代王充有鉴于两汉学校培养的儒生或知今不知古,或知古不知今,而不堪任用。他提出学校应培养“才高志大”的“鸿儒”。这种人能“兴论立说”,既有创造性思维能力,又善于实践,他们不受前人思想束缚,敢于创新。在学习内容上不局限于儒家经典,而应包括道、法、墨等百家之言,也不仅仅局限为治学之书,而应包括天文、历算、医学等自然科学和应用技术,更不应仅仅局限于“先王之教”,即对古代知识的传授上。力主治学应“博览古今,众流百家”之言。他认为唯有如此,才能培养出“德优”、“才大”能够“治百族之乱”的开拓性、创造性人才。

一方面,杰出创意都是在接受历史优秀传统基础上,有所创造革新的。谢灵运说:“谁谓古今殊,异代可同调。”在人类历史演进中,各时代有各时代的特殊问题。另一方面,人又永远生活在社会和大自然的环境中,永远有着普遍性的需求和愿望。人类一直被一些共同难题所挑战,也积累了许多应付这些难题的共同经验。

这是过去的文明为我们留下的最珍贵遗产。韦政通说，正如有些古代作家，比现代畅销书能更多搔到我们经验与情景的痒处。当人们碰到新难题，面对新危机，必须寻找他自己的出路时，最明智的办法，是对过去的发展和前人走过的路，作彻底的反省，而通古今之变。要做到这点，简易途径是研究历代最伟大的作品，因为伟大作品汇集了那一代最重要观点和心灵丰富的经验。

如学医，要成为一流医生，除医学知识外，还应涉猎五经、三史、诸子百家。唐代大医家孙思邈说："凡欲为大医者，必须谙《素问》《甲乙经》《黄帝针经》《易经》，张仲景、王叔和、范东阳诸家经方，若不尔者，如无目夜游，动致颠殒。又须涉猎群书，何者？若不读五经，不知有仁义之道；不读三史，不知有古今之事；不读诸子，睹事则不能默而识之；不读《内经》，则不知道有慈悲喜舍之德；不读《庄》、《老》，不能任真体运，则吉凶拘忌，触涂而生。若能具而学之，则于医道，可无所滞碍。"学医如此，从事其他工作须广学致知亦如是。

一位古罗马人，谈到古典，所侧重的是从古典作品中抽绎出对人类普遍有用的法则。另一古罗马人朗吉弩斯则强调用具体作品对文艺趣味的培养。他主张读者从具体作品中体会古人思想的高超，情感之深刻，以及表现手段的精妙。长期地这样沉浸在古典作品里，就会受到古人精神气质的潜移默化，或说"得到灵感"。他还强调，学习古人，不应满足于古人的成就，而应和古人竞赛，争取超过他们。"这些伟大的人（如荷马），昂然挺立在我们面前，作为我们竞赛的对象。就会把我们的心灵提高到理想的高度"。什么是古典呢？朗吉弩斯认为，经得起各阶层读者，在长时期里的考验，能持久运行，才算是真正的好作品或古典。美国外交网站认为，几乎所有经典著作里可以找到治国艺术的潜在原则。亚历山大大帝在东征时随身带着《伊利亚特》。伊丽莎白一世从西塞罗的著作中汲取法律策略。腓特烈大帝把荷马笔下的奥德修斯作为君主的典范来研究。令人遗憾的是，曾经是万能认识方法的文学在20世纪中叶末期被大众娱乐，从艺术圣殿中赶了出去。治国艺术也因此遭受了损失。乔治·布什原本可以通过修昔底德的《伯罗奔尼撒战争史》受益。

6. 创意技巧的训练培养

1）诗外功夫

创意要有诗外功夫，又要有专精的技巧。“诗外功夫”主要是生活。创意技巧主要是指会仰观俯察，了悟、联想、想象、捕捉潜意识、构思、烘托，等等。一般正常的人都会有潜在的创意力，但要变成现实的创意力，还是要经过训练的。黑格尔以做鞋为例，说人皆有学会做鞋的能力，但不经学习，不掌握技术，就做不好鞋子。创意力的训练有两个方面：一是智慧，这是“功夫在诗外”的问题。宋朝诗人陆游，在给儿子诗中传授他作诗的经验，大意说，他初学诗时专门在词藻雕琢绘声绘色上下功夫，只注意形式的美，到中年才领悟到，诗应注重内容，反映民众的要求和喜怒哀乐。从此他写诗的道路越来越宽。陆游在别处说：“纸上得来总觉浅，绝知此事要躬行。”就是诗人要作诗外功夫。

2）技巧的训练

（1）从模仿开始学习创意技艺。技艺的重要。孔子说：“志于道，据于德，依于仁，游于艺。”这里“道”是意向，“德”是基础，“仁”是依归，“艺”是礼、乐、射、御、书、数，即六艺。“游于艺”是说“君子”对于与物质技能有关的一切训练要有熟练掌握。因为这些技艺并非可有可无，而与治国平天下大有关系。后世所谓“画圣”、“书圣”等多半是指一种所达到的自由的艺术境界和人生境界。

评论家说，凡艺术家都是一半诗一半匠。要有诗人的妙悟，匠人的手腕。只有匠人的手腕，没有诗人的妙悟，固不能有创造，只有妙悟，没有手腕，亦难尽善尽美。妙悟来自性灵，手腕来自模仿。艺术大家少时，功夫大半在模仿。米开朗琪罗花半生时间研究古希腊古罗马雕刻。莎士比亚费半生模仿和改作前人剧本，这是最明显的例子。模仿是通过观察仿效其他个体行为而改进自身技能，并学会新技能的学习类型。《红楼梦》第 48 回，讲香菱向黛玉请教如何作诗，黛玉说："我这里有《王摩诘集（王维）》，你把他的五言律一百首细心揣摩透熟了，然后再读一百二十首老杜（杜甫）的七言律，次之再读李青莲（李白）的七言绝句一二百首，肚子里有了这三个人做了底子，然后再把陶渊明、应、刘、谢、阮、庾、鲍等人一看，你又是这样一个聪明伶俐的人，不到一年工夫，不愁不是诗翁了。"先从模仿名家开始，黛玉的意见有可取之处。严羽的《浪沧诗话》也主张从传统开始学，"先熟读《楚辞》，朝夕调咏以为之本。及读《古诗十九首》，乐府四篇，李陵、苏武、汉魏王言，皆须熟读。即以李、杜二集枕藉观之，如今人之治经，然后博取盛唐诸名家，酝酿胸中，久之自然悟入。"这样的学法与死记硬背有区别。专家认为文学创作中，任何抽象的"法则"，都只能给一点启示，一点借鉴，而不能教会人们这样就会创作出优秀作品。只有从伟大作品的文本中，具体去品味、领悟、体验。"知"与"悟"，在人的精神世界中，虽有一定相通相融，但两者不是等同，只有对具体学习对象进行品味，才能真正悟入。

问题是在模仿继承的基础上，要进行创新。袁枚《随园诗话》说："欧公（欧阳修）学韩（韩愈），而所作全不似韩，八家中所以独树一帜。公学韩诗，而所作诗颇似韩，此宋诗中所以不能独树一家也。"《诗话》又说："不取亦取，虽师勿师，平居有古人，而学力方深，落笔无古人，而精神始出。”这里说继承与发展的关系。

（2）训练观察力。莫泊桑向福楼拜请教写作方法，福说：请你给我描绘一下这位坐在商店门口的人。他的姿态、他整个的身体外貌，要用画家那样的手腕，传达他全部的精神实质，使我不至于把他和别的人混同起来。还请你只用一句话，就让我知道，马车站有一匹马，和它前前后后五十来匹马是不一样的。福楼拜进一步说，对你要表现的东西，要长时间很注意地去观察它，以便发现别人没有发现过和没有写过的特点。任何事物，都有未被发现的东西。因为人们观看事物时，只习惯于回忆前人对它的想法。最细微的事物里，一点半点未被认识过的东西，让我们发掘它。

赖声川说，洞察力是看到事物原貌，看到因果的能力。这要放下自己，不带任何先入之见。法国生理学家贝尔纳说，先入之见会使你看不到意料之外的东西，或导致错误印象。

观察要事先做足功课。在国外的一次科学讨论会上，突然从外面冲进两个人，一人持手枪。他们在会场追逐争夺手枪，突然枪声一响，两人又一起冲出门去，事情经过只有 20 秒。接着会议主席，请所有与会者，写下目击经过。交上去的四十篇报告中，只有一篇在主要事实上错误少于 20%，十四篇有 20%—40% 的错误，二十五篇则有 40% 以上的错误。半数以上的报告中有 60%或更多细节是臆造的，这种情况之所以会发生，就是他们所进行的是无目的、无计划的一般感知活动。观察力没有真正起作用。由此可知，观察力是在有目的、有计划、有思维活动积极参加过程中，所形成起来的察识能力。观察是智慧活动的门户和源泉。大科学家达尔文说：“我既没有突出的理解力，也没有过人的机智，只是在观察那种稍纵即逝的事物，并对其进行细致观察的能力上，我可在中人之上。”

（3）构思能力的培养。创意构思也就是进行想象、构思新意象。休谟说："人的想象是再自由不过的，它虽不能超出内在和外在的感官所提供的那些观念（表象）的原始储备，却不受局限的能力（想象力），把那些观念加以掺拌、混合和解，成为一切样式的虚构意境。"达·芬奇说：画家到了田野里去"须用心看各种事物，细心看完这一件，再去看另外一件。把比较有价值的东西选择出来，又把这些不同的东西捆在一起。""选择出来"和"捆在一起"就是想象过程的分析和综合。高尔基说："创造一个小商人、小官吏、工人的典型形象，作家必须从二十到五十以至几百个店铺老板、官吏、工人的每个人身上，把他们最有代表性的个性身份、习惯、嗜好、姿势、信仰和谈吐等抽取出来，再把它们综合在一个小店老板、官吏和工人身上。这是在观察基础上进行分析综合。"

（4）训练想象力。想象力可以通过文学阅读培养。莎士比亚、贝多芬还有J·罗琳等人都以在阅读中攫取灵感著称。王蒙指出，如《红楼梦》是一部充满想象的书，它留下了太多的玄想、奇想、遐想、谜语、神话，使你猜，使你想。迪士尼幽默地说：如果你的想象力可怜，那么，多阅读可以得到补偿。

为了避免为阅读而阅读的泡沫现象。阅读要加上思——琢磨、咀嚼的功夫。奥斯本说：读有些虚构的书，可掩卷想象故事结局。阅读短篇，可自己充当作者，设想自己来写出这本书的后半部。阅读传记，可观察其人生历练的因果逻辑。萧伯纳对他选择的书，在略读之后，先写一个读后感，或自列简要提纲，然后边读边做笔记。《马克·吐温传》的作者，写他的主人公"在他常看的一些书上，每一页都有他作的眉批或批注，他反复阅读一些作品"。作批注之类，实际上是要从更深处挖掘、提取、吸收所值得阅读的作品中的创作技巧与智慧资源。自己动手练笔,更是一种直接训练。有人根据报刊上的传奇故事,自己写起来甚至更生动,也有根据报刊上一张画,以画面素材为题演绎撰写故事,这些都不失为训练想象力和创意技巧的好办法。

学徒作家的技术性阅读,与成熟作家的“思想性阅读”。有评论认为,艺术家尤其是成熟作家在文学阅读中,要特别强调思想性阅读的重要性,特别是宗教性与哲学性阅读的重要性。或者说要把精神哲学的自由探讨,看作我们时代的作家最重要的思想功课。没有哲学就没有真正的作家,但作家的哲学不同于哲学家的哲学。他们只是问题相通,而解决方式完全不一样(一个用概念理性,一个用形象想象)。想象不只是情节想象、形象想象,更重要的是精神想象。李咏吟指出,“好像许多中国作家和科学家,从不进行宗教或哲学阅读,这是应该加以更正的现象”。其实,境外的一些中国学者和作家,他们不但精研古老的《周易》、《老》、《庄》哲学,还深研印度和藏传佛学,及禅宗思想,而扩展和拓深了创作的精神理路。李咏吟又指出,作家要进行的思想性阅读,那不是机械被动地读,也不是无条件地向思想家、哲学家投降,而是向哲学家、神学家提出思想的挑战。罗丹、歌德、席勒、雪莱、但丁、海涅都有思想性写作,近代中国作家鲁迅、闻一多、郭沫若、茅盾等人的思想性写作都极具影响力。

三、创意的联想方法和潜意识方法

创意过程的两端:心与物交(仰观俯察)、心与心交(妙悟想象)。老舍论文学创作进程点出其两端:“观察与想象必须是创造进程的两端:观察是人心与外物的交融,从身外汲取营养。想象是人心自身异乎寻常的神思巧运。从外物中汲取营养加上自身不同寻常的劳作，就会创造出新东西。这种两端结合的情况，不仅文学创造如此，一切创造亦如此。”

1. 心与物交

钱穆说：“自然界展演不出飞机与太空船，必待人类以心交物，乃有飞机、太空船之出现。艺术与科学同是模仿自然、因依自然。但必须由人类之以心交物，乃始有艺术与科学的出现。”心与物交，就是创意人要从仰观俯察入手。明代画家王履在《华山图序记》说：“吾师心，心师目，目师华山。”告诉我们感觉是创意之源。W. 杜兰在《文艺复兴》一书中告诉我们，达・芬奇勤劳艰苦积累创意素材的情况：“他对任何事物感兴趣，所有人体的动作与姿态，所有老幼面部的表情，从田野中的麦浪到风动水潮、天候的喜怒无常，大气的暗黑，以至天空的千变万化，这一切似乎对他充满无穷尽的奇妙。他在仔细观察下，绘满了无数纸页，绘出了无数的样式。”在名画《最后的晚餐》构思期间，他在米兰大街小巷寻找头和脸孔，希望对画基督和 12 门徒有所帮助。迪士尼的《米老鼠》誉满天下，淋漓尽致，惟妙惟肖，表现了米老鼠的喜怒哀乐生活。他不是只看几张动物照片，到动物园写生取象，而是索性在自己卧室地板上，养了一群老鼠，与之亲密接触，零距离观察。艺术家要有成功的创作，要先“目师华山”，积聚丰富的表象资料。一个人想有大创意，更须有大的见识。王阳明年轻时，遵照朱子教导，静坐园中“格竹”，无果，这时王阳明 17 岁。有些评论家说这是“青春季节的抒情幼稚病”。其实这时他还没有亲历后来血淋淋的人生大折腾：被宦官刘瑾千里追杀，在蛮荒之地走投无路之中的“龙场悟道”，在千军万马中建立军功，等等。复杂的生活锻炼和强烈的心灵体验，以及对传统文化的深入琢磨。作为未来的大思想家，王阳明 17 岁时，头脑中还没有可能作出，后来“心学”大概括的心力和表象的足够储备，难为无米之炊。

要产生一流的创意，一般性的心物联系是不够的，而应有一定强度的心物对峙、碰撞、交融。被誉为“感动天底下所有中国人，感动了世界”，“无与伦比”的小提琴曲《梁祝》，旋律来自越剧著名演员尹桂芳那句“妹妹啊”的吟唱，《梁祝》曲作者，也是因为听到那句深情吟唱，心不能承受之轻，他一开始就站到了巅峰之上。朱广贤说：“艺术想象，既不来自客体或主体单方面的启动，也不可能由主客间的一般联系和作用所能驱动，而必须在物我相接、交融、碰撞中才能发生的。”这就期望创意人对接受的信息体验，要有一定强度。如前述王阳明静坐园中格竹，一无所获，这正是心物间只发生“一般性联系”，对竹子只隔着几尺距离看看而已，并未做过实验之类的“碰撞”、“交融”。照颜习斋的看法，格物的“格”是手格猛兽的格。这正如黑格尔说，科学家在物面前不能像小学生那样仅仅端坐受教，而要像法官那样“敲打”物，让它“吐露真情”。总之，心物交融是心如何捕捉到新信息的问题。一是要“敲打”物，以物为主，望闻问切，“下生活”、做实验，让物“吐出真情”。二要以心为主，用心驾驭物。如玻姆所说，要“在意”于新信息的捕捉。这“在意”不在意问题，关系到人类进化发展。人类以外的哺乳动物都无此技，它们就只能停留在兽的阶段。即使大名鼎鼎的科学家，如不在意捕捉新信息，也会栽跟斗。如化学家普利斯特里，他的思想一头扎在“燃素论”的旧观念中，而不“在意”去捕捉在自己的实验中业已出现的氧，因而与氧的发现失之交臂。还有一个问题，“以心为主”，要求创意人不仅“在意”还要会“悟”。这是会不会搞创造发明的关键。乔布斯在印度学得“悟”，爱因斯坦学会了“直觉”的功夫，原创力一发不可收。

2. 心与心交

心与心交的几种说法。古代画家张璪说:“外师造化,中得心源。”“造化”当是高山流水,“心源”又是什么呢?赖声川说:“我们每一个人内心深处都有一个创意源泉,里面储藏着各种原始深奥的具体智慧,这庞大源泉或在我们体内,或我们通过一种渠道可联系到它,而我们则经常忽视这内在宝藏。”这种“神秘源泉”又是什么呢?钱穆又举工程师造一座建筑的例子说己心与大心——人类文化历史的心相通,才能产生建筑创意:如一座建筑并非自然有此建筑,乃是人心凭藉自然,利用自然,而使得有此一建筑。只在此一建筑上便可看出人类的多项心智与心欲。而且此一建筑,实乃由长时期演变而来。在此一建筑上,不仅可以看到这时从事建筑者之心,并可看到经年历岁,越过长时期,古人从事建筑之心亦在此建筑上积存而表现。此所谓惨淡经营。经之营之,煞费心血,而达于惨淡之程度。人类在此一建筑上所见的心灵的曲折进展,已经不易细说。“一物如此,物物皆然”。所谓“己心”是指“寄于各自体内之每一人之心”。“大心”是指“超越身体外的心与心相通之心,是人类自有文化以后所发展而成的历史文化之心”。建筑师酝酿创意时,是以“己心”——当下从事建筑者之心,会通“大心”,此大心是“经年历岁,经过很长时期,古人从事建筑之心”。如上海世博会中国馆的“中国红”、“营造法式”,以及建筑设计中的力学、材料学知识,设计人员和工匠们一代代所师承的知识技艺,都是古今中外的“大心”集成,由总设计师、总工程师,他们的“己心”煞费心血融合而成。现在讨论一下上面所说张璪的“心源论”的“心源”,赖声川的“神秘源泉”和钱穆的“大心”是不是同一回事。先从人的记忆说起,人的记忆可以无限充实。有个古代寓言故事说,一道士担一竹笼,笼中两鹅,却放得正好。后又放进两鹅,还是正好。于是连续放一百鹅、二百鹅,仍然正好。笼不加大,鹅不加挤,尽放还是依然。钱穆说,正如人心可以无限充入,如在图书馆看书,穷年累月,博极万卷,他人心中的尽装入己心,还是尽宽舒。即如科学研究,上穷碧落,下彻黄泉,天地之高厚,万物之浩博,可以在己心中装进,恰如那道士的竹笼。而且上下古今,亿万人心里所有,可以装进己心。要之记忆之笼中,装进的"鹅",可以是"世界1"的表象和意识、潜意识。(波普认为大自然是"世界1",藏在人们头脑中的自我意识是"世界2",从古到今,整个人类积累的文化总库是"世界3"。)装鹅的方法,可以是践履、阅读、思考、体验。从以上分析可知:"心源","心的神秘源泉"和"大心",讲的是一回事。它们包括:意识+波普的"世界3"+弗洛伊德的个人潜意识+荣格的集体无意识。己心与大心有两种联结方法:一是意识的方法,如联想、想象、逻辑推理。二是潜意识方法,用浓、醉、松的方法(后面再讲)。"松"就是精神放松,使潜意识"检察官"失去警觉,潜意识显现到意识层面。这是潜意识的方法。

(1)意识——联想的创意方法。联想是由我们接触到的某种事物,很自然地想起和它有关的事物。作家W.普洛默说:"创意是将似乎不连贯的事物,联系在一起的能力,这就是联想。"诗人一行说:如果你是位诗人,你会清楚看到,这一张纸,飘着一朵云。没有云就没有雨,树无法成长。没有树,我们无法造纸。如果看得更深入,可以看到太阳,砍树的工人,做面包的麦子,他的爸爸和妈妈。没有这一切这张纸无法存在。事实上,我们没办法指出任何一件不在这里的东西——时间、空间、地球、雨水、土中的矿物质,阳光、云、河、温度、人们的心,一切在这张纸中同时并存。所以说,纸和云甚至天地万物都互为彼此。用联想看到事情的多层关系和联结。诗人余光中谈自己"一句跟一句"写诗的经验说:我心中有一种感情一种感想(即“意”的体悟),但不知道怎么表达才好,于是闷在心里,但我并没有把它忘记了,而是把它摆在潜意识里去酝酿。直到有一天,我豁然想通了。所谓想通,不是一首诗自动出现在你面前,不是一幅画自动画好,而是想到了第一句是什么。连锁作用就是像一个线头找到了,一抽一拉整个线团都抽出来了。我写诗往往是想到这个题目很好,或者想到其中有一句很好,我就有把手,就有用武之地,我就可以把它延伸。成为一个完整的作品。

联想有多种方式。相似联想:科菲·安南在一张白纸上点了一个小黑点,问学生看到了什么?学生说看到了黑点。科菲又在一张黑纸上点了一个白点,问看到了什么?答看到了一个白色的点。科菲指出,只看黑点会越来越大。如联想到周围一片光明,又可从小白点联系到黑暗中可贵的一点光明。

对比联想:美国律师达维松,由中国万里长城、埃及苏伊士运河,忽发奇想:何不在英吉利海峡造一条隧道。后来英法两国政府果然委托他成立了达维松公司,研究可行性,历经周折隧道终于建成。

关系对比:于连是法国19世纪批判现实主义作家司汤达的长篇小说《红与黑》的主人公。于连生性聪明,从幼年时代起,他就梦想有朝一日像拿破仑那样,穿上红色将军服。可他生逢复辟时代。他又热望穿上黑袍去当年俸十万法郎的大主教。小说通过于连,以个人奋斗企图跻身上流贵族社会,终遭失败的故事,写出了那时社会,拿破仑垮台与复辟潮流交替的复杂性。

仿生联想:据虎、猫脚爪的构造,想到制造钉鞋等。

联想,也是艺术表现的手法之一。如京剧《秋江》中的船,并不出现在舞台上,但演员的动作,使观众通过联想,似乎看到船的浮动。国画中,画鱼不画水,任鱼游动,姿态竟那么逼真。观画者通过联想,如同看到了清澈的水。

联想组合——“万花筒”式的创意方法。“万花筒”方法如玩七巧板,可以拼出很多有趣图案。T. 帕内斯把催生新意象、新设想的综合联想方法比作“万花筒”。他说,“在万花筒中,你会看到各式各样美丽的图案。如果万花筒加一粒小石子,你就会看到与刚才不同的花样。人的大脑的工作方法与此有点类似。大脑对当下和记忆中的表象进行万花筒般连续催化综合,就会得到新的创意设想”。经济学家 R. M. 坎特也说:“创意就像万花筒看世界,你看到的元素跟大家看到的一样,但你能够重新组合这些漂浮的片断,产生诱人的另一些可能性。”

联想和万花筒式联想创意方法,都是在意识层面进行的此与彼的联结。为了建立更丰富的想象联结,心还应联结到所有的“档案资料库”。包括联系到“深层神秘源泉”——潜意识。

(2) 运用潜意识进行创意的方法。作家王蒙说:创作是一个有意识、有目的、有理性指导和制约的精神活动。联想就是有意识的创作方法。又说:当进入创造境界以后,就像演员进入角色,也会有一些下意识的体验、动作、即兴表演。而作家,也会有许多虽经周密计划也无法预期的,随着感情的波澜和笔尖的驰骋的体验产生。这就是所谓的“神来之笔”。在进入这种境界以后,确实如醉如痴,难分难解。这种情况又叫做“自我不在”也就是一种潜意识状态。

奥地利作家威茨格在《艺术创作的秘密》中描写了所谓的“自我不在状态”。威茨格说,创作对艺术家而言,只有在某种自我不在状态时,才有可能。如果说艺术家创作的时刻自身不在那他到底在哪儿呢? 他在他的作品里,在他的旋律里,在他的人物形象里,在他的幻象里。莎士比亚让他的奥赛罗说话时,这一刻他就从莎士比亚这个人从他本人的躯体，从他本人的灵魂进入被嫉妒所主宰的奥赛罗灵魂之中。一个朋友拜访巴尔扎克，巴眼泪汪汪地对他说："您知道吗，朗加依公爵夫人死了。"友愕然。原来这位夫人是巴氏剧作里的一个人物，在书里刚写到她的死亡。作家还没有从自己的幻梦中清醒过来，还没有回到现实世界里。

为什么"自我不在"呢？这可用潜意识原理来说明。荣格认为，人类完整的心灵结构，由浅入深分三个层次：意识、个人无(潜)意识和集体无(潜)意识。自我意识有高度的选择性。弗洛伊德将此选择比作检察官、看门人、过滤器的认可与否等。"看门人"、"散神"放松警惕时潜意识就会显现出来。荣格则认为，决定自我意识的选择因素是内心对信息的体验力度。强烈的体验会战胜微弱的体验，轻而易举攻入"自我"的大门。如尹桂芳的"妹妹啊"的深情吟唱，使《梁祝》的曲作者心灵震撼，达到"不可承受之轻"的力度，等等。那么，没有被自我认可的信息怎么样了呢？被"过滤器"滤掉的材料，难道就此销声匿迹了？事实上，曾被体验过，即被看见或听到过的东西，都不可能消失得无影无踪。那些当时没有被自我认可的体验，并没有消失。荣格认为，这些曾经的体验被储存进了意识的底层——个人无意识中了。个人无意识同自我之间会进行双向交流。如在生活中我们有很多朋友和熟人，他们的名字并不时时停留在我们的意识中，只有在需要时才会出现。当这些名字不在意识中时，它们就在个人无意识之中。

潜意识显现的条件。医学实践中曾经有过这样的例子：一个25岁不识字的女仆，患急性疟疾后的呓语中，竟然能反复讲拉丁语、希腊语和欧洲语种的各种句子。原来这位女仆，曾受雇在一位牧师家里，她在厨房时，经常听到牧师的读书声，后经证实，女仆呓语中的句子，正是牧师读书时所读的内容，尽管女仆不理解，却无意中存入记忆。当神经相应部分受到刺激，这部分记忆就显现出来。还有一个例子，西班牙一位外交官的侍从，平时对政治与外交业务并不了解，但外交官与对方交谈时，他总是在场。有一次，在他患神经系统疾病时，这位侍从对各种不同的政治问题进行了清晰又深刻的争辩，这使外交官大为惊异，并决定任命他为自己的秘书。但当他恢复健康后，却把病中所说全部忘了。上述女仆、侍从从牧师、外交官处的“耳濡目染”，接受了无意识的信息的刺激。无意识活动可能会受意识的影响，但并不遵循意识活动的规律，所以做梦、灵感、疾患呓语等潜意识状态表现出无序和模糊。

(3) 第一流创意常有潜意识孕育。A. 奥斯本认为：“天资平平者所从事的艺术创作和其他创造活动，主要依靠由意识指导的理性，如逻辑推理、计算等，这方法或许可以产生某些优秀作品，但不能产生伟大的作品。”一般要么忽视、要么根本不相信潜意识思维。而“天才的创造力只能来自潜意识思维”，他说：“纯粹由理性意识推理和计算所产生的富于戏剧性的第一流思想极为罕见。可以说，无意识的思维，即你没有意识到的思维状态，是产生第一流优秀创意思想的主要来源。各行各业无不借助无意识思维的力量。即使意识思维一筹莫展，无所作为时，无意识思维，仍然有可能帮助你。”

唐代大书法家张旭，常在酒后兴致勃发，挥笔书写狂草。韩愈认为，张旭狂草堪称一流：“往时张旭善草书，不治他技。喜怒窘穷，忧悲愉佚，怨恨思慕，酣醉无聊不平，有动于心，必于草书焉发之。观于物，见山水崖谷，鸟兽虫鱼，草木之花实，日月列星，风雨水火，雷霆霹雳，歌舞战斗，天地事物之变，可喜可愕，一寓于书。”(《送高闲上人序》)《新唐书》又这样写张旭：“……每大醉，呼叫狂走乃下笔，或以头濡墨而书。既醒目视，以为神，不可复得也。”张旭酒后作书，美酒是刺激物，打开了他作为天才书法家的潜意识能量。评论家指出，张旭是异常——异乎寻常，而不是反常。在东西方艺术和哲学史上，这健康的异乎寻常，是建设新世界的异常，推动了东西方文化从一个高峰走向另一个高峰。直觉也是孕育第一流创作的潜意识。《相对论》是直觉的杰作。完成这杰作，首先与爱因斯坦善惊奇和专注的良好认知品质有关。爱因斯坦从小善惊奇，4 岁时曾为一只罗盘的恒定指向而惊奇，觉得应有无数个方向可选择。12 岁时因欧几里得几何而惊奇，惊奇其体系的严密、可靠。其次爱因斯坦还有爱好阅读，不断提高负熵滋养的良好求知品质。他在慕尼黑上学，那学校只提倡死记硬背。幼小的爱因斯坦，这时开始把求知的愿望寄托到课外阅读上。他读了不少关于科学知识的通俗读物。在他的课外阅读的书目中，有汇集了植物学、动物学、天文学和地理学知识的《自然科学通俗丛书》，有德国学者毕希纳的名著《力与物质》，斯宾诺莎的《知性改进论》，甚至还有康德的《纯粹理性批判》。这些书，尤其是哲学书，不是一般人读得下去的。更何况爱因斯坦还只是一个 10 岁孩子。可是他却津津有味地读着它们。第三爱因斯坦从小爱好体验大自然奥妙，有善于思考，用心求悟的品质。从所读的书中，他体验到了宇宙的和谐，对《圣经》中所说的世界起源产生了怀疑。传记作者说爱因斯坦常常枕着心爱的书本睡去。一天深夜，他父亲看到儿子房间还亮着灯，可走进去后却看到儿子已经沉睡。一本叫《纯粹理性批判》的书却翻开着，那一页上写着："可以看出，时间是一切现象之先验的形式条件，而不论这种现象究竟是什么样的。相反，空间只是外部现象之先验的形式条件。"爱因斯坦似乎在睡梦中还想着时间和空间，想着时空与世界的和谐。他 16 岁上大学，又创造性地想象：如果一个人跟着光线跑而企图抓住它，那会发生什么现象呢？十年之后的答案是："我终于认识到时间是值得怀疑的。"1905年，德国《物理学年鉴》，发表了他长年深思熟虑的时空论——《相对论》。从10岁开始对时空问题就在潜意识中孵化，他的直觉认识酝酿了16年之久。总之，张旭创作出"属于一流"的狂草也好，爱因斯坦《相对论》直觉的产生也好，说明潜意识是第一流创意的源泉；而且说明，只有长期辛勤投入心与物交和心与心交，做好心智孕育的准备，又有专注、求知、求悟得优秀品质，才有重大创意灵感收获的可能。

（4）潜意识素材显现的条件：浓——醉——松。潜意识是一座创意素材的宝库。如果掌握了灵感出现的规律，它就不期而来，使我们获益。不过心理学家告诫说，除非你专心致志研究过那个问题，做过充分准备，否则切莫在沙滩上等待海市蜃楼的出现、泡在浴缸里盼望阿基米德"我知道了"的体验光临，切莫坐在大树下静候兔子跑来。阿基米德的体验是洗澡的机遇帮了忙，但机遇并不能越俎代庖。一位科学家说："机遇只垂青有准备的头脑。"阿基米德事先对问题做了大量有"浓度"的研究；他满脑子都是那个王冠问题，达到了专注"醉心"的程度，他的头脑是"有准备"的，他的意识一直全神贯注于此；而在洗澡时心灵放松，"检察官"松弛，答案就破门而入。

庄子有关自由创造的神奇寓言故事，可让我们见识潜意识创意的功夫。《庄子·达生》篇说：梓庆削木为鐻（一种乐器），鐻成，见者惊犹鬼神。鲁侯见而问焉，曰："子何术以为焉？"对曰："有一焉。臣将为鐻，未尝敢以耗气也，必斋以静心。斋三日，而不敢怀庆尝爵禄（没有受祝贺爵位、俸禄的念头）。斋五日，不敢怀非誉巧拙；斋七曰，辄然忘吾有四肢形体也。当是时也，无公朝（心里没有了公室和朝廷的压力），其巧专而滑俏（把巧思集中到雕刻上，从而外界的纷扰都冰消了)。然后入山林,观天性形躯(观察树木自然形态)至矣(选择那些恰好可以雕刻的木质)。然后成见鐻,然后加手焉。不然则已(不是这样的木质就舍弃不用)。则以天合天。器之所以疑神者,其由是欤。(使我的自然本性与木质的自然本性吻合,器物制成之后,被认为鬼神所作,道理大概就在这里吧!)"这里强调的是创作中必须忘怀得失,才能进入自由创造。要有突出的创造成就,除了梓庆在这里说的"忘我"——忘名利及虚、静等精神修养外,当然更要经过长年累月技巧方面的刻苦训练。对此《庄子·庖丁解牛》精彩叙述了"始"、"三年之时","当时之时",及"好于道进乎技"等过程,有心捉摸、琢磨、终成"以无厚入有间"的解牛高手。

刘里远说灵感的产生,可找到必然的途径:产生灵感意识状态一无我;二无身、无心。灵感的孕育过程:(知识+思路)+问题——贮存——孵化——等待自发激发——捕捉。灵感的捕捉:无欲态——虚明态——静定生慧——心在静、净、定状态下产生智慧。

也就是说运用潜意识,形成有价值点子素材和灵感,要抓好"贮存"该浓、"孕育"该醉、"等待"该松这三个环节。

第一个"浓"字。要给大脑提供有浓度的信息刺激。读万卷书,行万里路是长期"底蕴"信息储备;而一定浓度,针对当下要解决问题所作考察、试验、阅读的信息刺激,则是为当下问题所作的意识和潜意识体验准备。有了长远和当下的意识和潜意识体验准备,一有机会创新灵感就可能不期而至。而信息体验要"浓",这"浓"有两个要求,一在信息刺激的数量,如我国有位著名作家在海外留学期间,对文学作品的阅读几乎达到"海量"的程度,终生顿悟,而学会了写作。二是信息刺激要有深度,不能像王守仁"格竹"

远距离看看。而要“手格猛兽”那样有亲力亲为体验。

第二“醉”字。醉即“醉心于此”，对问题各种可能的解进行过反反复复的思考。“醉”，《古汉语辞典》注为“极端爱好”。研究者认为，灵感是在尝试解决问题期间或之后的一种经历，在这个过程中，有关问题的内容会突然在大脑中闪现。一个时期内创意人必须把注意力集中在一个特别需要解决的问题或目标上。并日思夜想沉醉其中。这可增加心与心交，酝酿孵化的“温度”。奥斯本指出，关键是事先必须像阿基米德那样进行专注、深入的研究，“这等于将思考过程，连同问题本身，一并投入无意识思维的信箱。秋后要有收获，就一定要在春夏专心致志辛勤播种，如果进行过专注——醉心的思考，说不定会有突然的领悟，得到回信”。

第三“松”字。对问题进行有浓度的信息输入和有深度的醉心专注孕育后，就要放松——“无我、无身、无心”，一旦身心放松下来，“看门人”失去警觉，潜意识就有了驰骋的机会。据中科院一次统计，学部委员 16 人，灵感发生前心理轻松者占 44%，平静者占 56%，心理沮丧的没有。一般科技工作者，灵感发生时心情愉快者占 52%，平静者 44%，沮丧者 4%。放松是出现灵感的一个必要过程。研究人员指出，我们对一个熟悉的名字，怎么也想不起来，这时应该停止徒劳的尝试。使头脑放松，进入等待状态。“机会一到，那个名字便会冒出来”。“记忆力最强的时候，似乎总在大脑处于放松状态时”。例如，达·芬奇在米兰创作著名的《最后的晚餐》，总是张与弛交替使用。他被洛多维科公爵雇来，要求在一所修道院餐厅墙上作画，时间希望快些。但达·芬奇作此画用了长长的三年多时间(1495—1498)，打了无数的草稿，但他一方面辛勤劳苦，在米兰大街小巷寻找模拟人物，但又常常闲荡，甚至一连几个小时不动一笔，呆呆地坐在画作下。对此，餐厅所在的修道院副院长向公爵抱怨：达·芬奇怠惰。他也不解释，公爵也是宽容的。其实达·芬奇为了作画，始终胸中波澜起伏，有时坐着没动笔，主要是使身心达到松弛状态，孕育等待，捕捉灵感。他碰到了什么难题呢？“晚餐”的主题宏伟，但画作必须限制在男性人物和一个陋室的一张餐桌上，只能用模糊不清的背景。不能有女性的温柔作衬托，不能有活泼的动作带进人物。为了代替动作，他聚焦在基督预言自己将被门徒中的一个出卖，而每一个门徒都似怀着害怕或恐怖震惊地问，是我吗？当时紧张的一刹。评论家说：“在画里采用了圣餐的惯例，但必须把 13 张面孔冻结在一种静止不动，形式固定的肃穆里，这样处理倒是能达到一种超乎激烈身体动作的效果。”为了画门徒，达·芬奇所作无数的初稿中，较多为约翰、腓力和犹大画的。当构思基督的表情时 12 门徒已使达·芬奇灵感用尽。此时在又一次沉思中，突然想起老友泽纳容曾说过的话：“比起那些大约翰、小约翰的脸，是不可能再想出更可爱更温和的面孔的，你接受不幸吧，就让你的基督残缺着，因为如果不这样，当他跟他的门徒比起来，他将不是他们的救世主或老师了。”达·芬奇突然顿悟。他画了优柔、悲伤和顺从，而不是英雄式救世主形象。达·芬奇让意识和潜意识醉和松交替帮他完成了杰作。赖声川认为，创作的难度在于它的源泉是澎湃激情，但它的表现，却需冷静地执行。浊水静放一下就澄清。心也一样，清晰心境容易联结到自己创意的潜意识。这也是说的放松。而米兰修道院副院长抱怨作者偷懒，是不了解灵感顿悟与张弛放松之道。

(5) 创意素材的提炼、梳理。闪电般出现的潜意识灵感、创意素材，有时会表现出阿基米德“我知道了”那样的完美。但大多数场合，潜意识成果，是残缺不全、朦胧模糊的。又往往是简短松散、片断、粗糙的半成品或原材料，有待进一步加工梳理、扩展、清理、推敲。这样，运用潜意识思维，有两件事要做：一是有关资讯的输入、孵化、酝酿孕育，以寻求潜意识素材的产生；二是素材的选择、提炼、梳理。这也是发明创造的两个重要环节。《中庸》说："博学之、审问之、慎思之、明辨之、笃行之。"在第一个环节中，要求"博学"，可用"头脑风暴"及联想等意识的方法，也可用有浓度、力度体验的潜意识输入，并孵化、孕育、酝酿产生灵感素材。这第一个环节期望所产生的点子素材多多益善。第二个环节是梳理。即对已显现的素材进行"审问、慎思、明辨"的选择、加工梳理。"笃行"则是对设想、创意的验证。

(6) 梳理的标准。彭加勒说，发明家的真正工作，就是挑选。从已产生的素材中挑选有用的设想——方案、点子。萨缪尔·巴特勒说："生活就是一门从不充足的前提中，引导出充足的结论的艺术。"梳理和选择有一定的标准。奥斯本说："名副其实的创造天才，是既用自己的意识，也用自己的无意识去挑选最合适的素材的。"梳理选择大致有意识、无意识杂陈的四种标准或方法：

第一，用逻辑判断、拷问来取舍。这是不言而喻的，我们所取得的素材，往往是理由不充足，要用逻辑来审问、明辨、推导出明确的结论。

第二，艺术家常用美学标准。如米开朗琪罗等人青少年时代精研希腊罗马的古籍和古雕像，也研究过当代人文主义著作，学过色彩学、解剖透视学等科学原理，后来在他自己的绘画和雕刻中不由自主地选择古典和人文主义美学意识，而不是中世纪的神学标准；他用自己的美学艺术标准，一笔一锤去进行有意识的涂画雕琢。政治家也一样，传统百年名校传授给西方精英、成为他们大脑中有意识或无意识的东西的，无疑是西方价值观，并在他们此后扮演各种世界事务的角色时，在举手投足中表现出来。

第三,直觉选择标准。直觉是一种无意识的识力,是在对某一类问题经年累月的打交道中所培养。如在各种艺术性大众表演舞台“海选”中的专家评委,能够快速进行判断,凭无意识直觉,即兴评出表演者优劣。诺贝尔奖获得者,日本化学家中野良治说:“科学直觉,即能在纷繁的实验数据中洞察有价值的研究线索,是科学工作的基本素质之一。”

第四,实践选择标准。如“606”药物的发明、爱迪生试制电灯丝,分别试验筛选了 600 多种和几千种材料。他们对方案的选择标准是:实践!有效者,即为最佳。法拉第的“力线”和“场”,爱因斯坦的质能相当定律,都不但要经过逻辑和数学的拷问,更要经过实践有效性的检验。

第八章

人类创造文明的基本方法

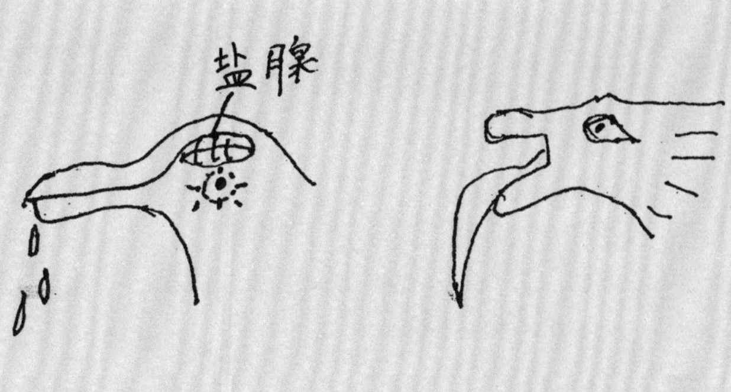

《左传·宣公十二年》:“筚路蓝缕,以启山林。”意思是坐着柴车,穿着破旧衣服去开辟山林。说明人类创业之艰辛。W. 李普曼说,从最早时代起,机器给发明出来,它们极为重要,如轮子,如帆船,如风车和水车。但是,在现代,人们已发明了作出发明的方法。人们已发现了作出发现的方法。人能有心思忖,在创造文明的过程中总结自己解决问题的种种有效方法。下面略述之。

一、“摸石头过河”与“顶层设计”

吕叔湘在保罗·路威的《野蛮与文明》“译序”中说:“自始至终人类在胡乱摸索……机会占了很大的成分”,望远镜最初当作儿童的玩具;火药最初用来放烟火;裸麦初入欧洲,当它是一种无用的莠草,山地居民偶尔发现它能耐寒,人类的粮食便又增添了一种。“文明就是这样偷偷从后门溜了进来,它生来爱这一套”。这里所说的“胡乱摸索”,是指新器物何时发明出来,那是随机偶然的。这很正常,因为稍早的时代,人类对必然性知识知之甚少,所以不可能有随心所欲的发明创造自由。即使是文明时代知之甚多了,在事情开创之初,也要借用实践摸索的手段。如爱迪生的电灯灯丝,试了几千种,才得其一。现在科学更昌明,那我们对世事及一切未知、未有过的事物的创造是否不必再用力“摸索”了呢?并不,因为探索创新是走前人从未走过的路,对此大体上没有已知的经验可借鉴。那只有一条路可走:在边实践边琢磨中辟出一条新的路。一位哲学家认为一个人要从茫茫无际的原始森林里走出去,得请教哲学家，据说哲学家认识“林中路”。其实哲学家要闯出林海也必须“上山问樵夫”，“下海问渔家”。哲学家可以在总体上指点迷津，对事情作个大概的估量，但要与“樵夫”、“渔家”的实践一步一个脚印的踏勘调查结合起来。

1. “摸石头”必须调动人的心机

人有心机，能在“摸石头”中琢磨出门道。猴子则不在意经验。恩斯特·马赫说：“猴子在抓鸟的时候，费尽折腾，往往无功而返。人则通过抛掷石头、木块等杂物打击鸟类，直至最终捕获。猴子偶然也用石头砸树上的果子，但它对这种经验不在意。”即它没有心机，不会“琢磨”。人类实践是心与物交，心的作用是思——不断思考琢磨，捉摸——总结经验、摸索门道、有所发现、不断改进。琢磨是反身自问，在实践和做的过程中不断寻觅规律性的东西。王蒙说：善于学习的人，在琢磨中，会得到一丝独到之秘。琢磨的目的是了悟，悟是指一种学习、理解、明白的能力。而这个学习、理解的对象，不是课本，不是规章，不用语言表达，而是一种不言之教，一种隐藏在现象深层的规律，一种非逻辑推理，而更多的是直觉，靠触类旁通，靠联想、想象得到。

以上是说，“摸石头”的成败得失，主要在“摸”，又要有思——有心机、肯动脑筋，捉摸了悟。

科学也是从人类“在意”琢磨中生长出来的。如前面说到原始人劈木头时，木头纹理结构清晰可见，人们由此琢磨：顺着纹理时，木头容易被劈开，而横截时，则很难。从这个简单的开端，人类开始发现物质的天性，发现大自然的秘密，发现物质构造的潜在规律。沿着深藏的纹理使物质容易分开，再拼装成新的形状。学者们推断，人类正是沿着这条路，开始迈上理论科学和技术科学之路的。

（1）“摸石头”要摸一定的数量。摸石头不是“瞎子摸象”，摸到一处啥样就是啥样。而要多摸，再综合认识其整体形象。例如人类对“热”的本质的认识，即“热”是什么？古人曾提出种种猜想——假说。有的认为，热的本质是物体微粒的一种运动。还有假说认为热是一种“热素”，它是特殊形式，没有重量的“物质”，热素进入物体就会使物体变热，等等。

热素论的流行是可以理解的，因为在18世纪物理学只“摸”了热学的一块“石头”——热交换（如烧开水）。物理学家习惯于用这样的思维：如果一个物体损失了多少热量（热素），另一个物体将得到同样的热量。如果与此相反，把热看成微粒的运动，并去解释热交换，就要困难得多。

对热素论的否定，主要来自18世纪末。工程师和物理学家开始摸另一块“石头”——热功转换了。汤姆逊曾在慕尼黑一家兵工厂工作，专管在炮身上钻孔。他发现钻孔时，铜炮身在短时间内就获得大量的热，从炮身上旋下来的金属屑，足以把杯子里的水煮沸。这是用热素论不能解释的。同一时期英国化学家戴维，成功地依靠相互摩擦，使两块冰融化了。

到了19世纪初，蒸汽机在技术方面应用愈来愈广泛，热功转换的研究愈来愈深入。法国工程师卡诺1827年提出了“卡诺循环”，试图建立蒸汽机理论。尔后几十年里有三位学者：1842年法国医生迈耶，1849年英国物理学家焦耳。1847年德国医生赫姆霍兹，分别研究了能量的相互转换，而确立了能量守恒定律，否定了热素论。人类对热现象的“石头”就这样一块块“摸”过去，又一点点“琢磨”思考，“在意”于反思总结，终于弄清了热的运动本质，建立了科学的热学理论。

现代的“摸石头”与古人的“胡乱摸索”有所不同：第一要加上

一个“过河”的目标——想解决什么问题。如我国新时期的摸索，有一个须臾不可离的总体目标，就是邓小平所说的“建设有中国特色的社会主义”。第二要在局部性的摸索中“在意”于不断捕捉指导全局的新经验，并不断根据新情况调整自己的思维和行动，使认识契合于实际，或作为全面推广新经验的准备。第三要加上人的精神，发扬敢闯的思想。因为这里要过的“河”，是指要在前人从未“过”过的地方，有所突破，这就要有“杀开一条血路”的勇气。

（2）波普的“科学知识增长图式”对“摸石头”过河的启示。奥地利学者波普提出的“科学知识增长”四阶段图式：问题（提出要解决的“过河”目标、任务）；尝试性解决方案（各种各样的设想、方案、假说、办法、点子）的提出；排除错误（通过逻辑推演、电脑推演和实践、小规模的实验检验），淘汰错误的认识，找到正确的途径；在新的认识基础上，提出新的问题，新的认识，达到科学知识的新增长。

后来波普把这个“图式”作了进一步概括，认为它也是遗传、行为和科学研究三个领域的发展进化机制。所以又把这图式称为“进化认识论”。这里说的三种进化都有一个信息传递与变异和环境选择的问题。在生物遗传和生物行为领域，是 DNA 信息传递与变异机制；在科学研究领域是前人的科学成果信息的传递与改进（变异）。一些继承下来的东西会受到选择压力的考验，面临环境的挑战。为了对挑战作出反应，从遗传或传统继承下来的东西，会发生随机变异。在科学研究领域是新的理论假说的出现。所有这些领域的变异都是尝试性试探，即排除错误，“最适者生存”。波普说：从阿米巴到爱因斯坦，只是一步之差（阿米巴是一种单细胞原生物）。这一步之差在于人类具有语言文字，能自觉运用语言文字上的批判，淘汰被否认的理论。因此阿米巴和爱因斯坦的一步之差是：虽然两者都用试错法，但阿米巴不具有语言文字理性和内省批判性，不喜欢犯错误，不喜欢承认错误，当试验发生错误时，结果只能是与错误一起死亡。这是一种教条态度、宗教迷信态度和假科学的态度（如《三国演义》中的马谡，若能在军事生涯中，能批判自己只迷信书本的教条态度，就不会有后来的“斩马谡”了）波普说爱因斯坦则不然，他提出相对论时，就声明在什么条件下他的理论可被证明是错误的，并准备放弃它。所以他对错误感兴趣，自觉寻找他的错误，排除错误而进一步学习。乐意按照检验的结果改正错误，乐意听取别人的批评，并自己批评自己，这是批判的态度和方法。科学知识乃至一切知识，都是通过批判和自我批判而发展、增长的。

这里波普也是强调，在心与物交过程中，心的作用的主动、灵活的重要性。在心物不相契时，人们要及时放弃业已证明错了的心智认识或态度，并排除这种错误，才能重新正确认知与驾驭物、推进知识或事物的增长发展。世上只有蠢如宋襄公和马谡式的人物，才甘于与阿米巴那样同自己的错误共存亡。

波普又说，他的科学观，是对英雄主义意义上的科学分析。英雄意义上的科学观，是指像伽利略、开普勒、牛顿、爱因斯坦、波尔等人那样献身于探索真理，献身于知识的增长。他们的生活是由大胆的思想组成，不同于把科学作为职业技术的一些人。

电脑模拟的“微世界”与“摸石头过河”。开拓创造，最重要的动作是尝试，而尝试最大的可能是失败。大规模实验代价是巨大而可怕的，如“休克疗法”的全国性试验导致苏联解体。有些问题可先用小规模“园区”试验来解决。园区试验之外还可以用“系统动力电脑模拟”的学习实验室——“微世界”，让人们在其中尝试各种可能的构想、策略、情况变化及其间种种可能的搭配，进而产生深邃而持续的创造力。这种学习实验室可将缓慢渐变的长期自然变异过程“压缩时空”来观察，进而及早寻求因应之道。壳牌公司的研究认为，在“微世界”中，复杂的企业课题，可以透过尝试新策略、新政策，看清可能发生的情形，但却不会有失败的成本，也不会有组织人事或明或暗的干扰行为，对于磨炼自己和团队的学习技能有相当助益，因为在没有失败引起的成本压力下，琢磨与反思的心灵活动可更无束缚地进行，激发出更好的策略想象力和创造力。

2. 顶层设计

专家指出，我国前 30 年的改革，不知道哪里水深水浅，经过“摸石头”，现阶段知道了，水深处在哪里？要怎么改？就有条件从宏观着眼，制订进一步深化改革的路线图和时间表，即我国现阶段的改革方式，有别于过去的“摸石头过河”，就是要加上一个整体考量的顶层设计。“摸石头”与“顶层设计”辩证统一。

二、“拿来主义”

发展总有先后，后发者不该事事从头来过，什么都从钻木取火、制做旧石器开始，而应从借鉴先行者比较先进的经验起步。据报道中国将引进乳制品巨头爱氏晨曦的牧场管理体系。专家认为，如果我们有什么产品实在做不好，不妨请国际上做得较好的来教。改革开放初期，中国宾馆怎么也上不了档次，总是同招待所差不了多少，没有能力接待商务宾客。于是我们横下一条心，引进境外喜来登、半岛等国际高档管理，让他们手把手教。钱是让他们赚去了不少，但我们最终学会了本事。现在管理现代化高级酒店，对我们来说，乃是小菜一碟。其实“拿来主义”自古如此。吕叔湘说：“文明是一件拼凑的百纳衣，谁也不能夸口是他独家制造。‘转借’

(borrowing)实为文化中的重要因子。”欧洲拼音字母的创始者,是尼罗河的埃及人,经过腓尼基人的手传到希腊,希腊人加了一番改造,又传给罗马人,罗马人又稍稍修改,才成为现在西欧通行的样子。现代通行的数字系统的发明者是印度人,而把它传进欧洲的是中世纪的阿拉伯人;在这以前,连那聪明的希腊人也没有零的符号,也不用定位法记数,因此很简单的算术,给他们演算起来就麻烦不堪。

“拿来”既要有愿望和魄力,又要有拿来的智慧。鲁迅主张:“运用脑髓,放出眼光,自己拿来,譬如说吧,我们之中的一个穷青年,……得了一所大宅子,……怎么办呢?我想首先是不管三七二十一,‘拿来’!但是如果反对这宅子的旧主人,怕给他的东西污染了,徘徊不敢进门,是孱头;勃然大怒放一把火烧光,算是保存自己的清白,则是昏蛋。不过因为原是羡慕这宅子的旧主人的,而这回接受一切,欣欣然的走进卧室,大吸剩下的鸦片,那当然是废物。”鲁迅锐利地概括指出了对外来文化的几种错误观念和态度。一位作家说:有出息的“拿来主义”是智慧的一大法门。只要有主人翁的气概,朴实的实事求是的作风,明睿的全局眼光,这样“拿来”便是宝术。列宁提倡在治国中“拿来”。1918年列宁在《苏维埃政权的当前任务》的提纲中写道:“乐于吸收外国的好东西:苏维埃政权+普鲁士的铁路秩序+美国的技术和托拉斯组织+美国国民教育等等等等=总和=社会主义。”

要抓住机遇,不怕接触,从相互影响中“拿来”。《全球通史》的作者说:“最有机会与其他民族相互影响的那些民族,最有可能得到飞速发展……环境也迫使它们非迅速发展不可,因为它们面临的不仅是发展的机会,还有被淘汰的压力。如不能很好利用相互影响的机会,求得发展,这种可接近性就常会带来被同化,或被消灭的危险。相反，那些处于闭塞状态下的民族，既得不到外来的促进，也没有外来的威胁，因而被淘汰的压力，对它们来说是不存在的。它们可以按原来的状况过上几千年而不危及其生存。”

“拿来”的东西，往往是正熵负熵杂陈，这就要求汲取其负熵剔除其正熵，也就是说要提倡理智的清醒，做好取精华去糟粕的工作。毛泽东在《新民主义论》中说：“中国应该大量吸收外国的进步文化，作为自己文化食粮的原料……凡属我们今天用得着的东西，都应该吸收……一切外国的东西，如同我们对于食物一样，必须经过自己的口腔咀嚼和胃肠运动，送进唾液、胃液和肠液，把它分解为精华和糟粕两部分，然后排出糟粕，吸收其精华，才能对我们的身体有益，决不能生吞活剥，无批判地吸收。”只要本着“为我所用”的宗旨，有“消化”的能力，尽管大胆地古今中外兼收并蓄。

取己所需，为我所用，近代日本和俄国的“拿来主义”

15 世纪之前东方原本处于领先地位。地理大发现，西方从东方汲取到物资、钱财、科技等负熵资源，便狂飙突进。15 世纪之后，东西方差距逆转，而在一段时期后，落后者观察到差距，便断然跨出向当时先进者学习的步伐。20 世纪以前，彼得一世的俄罗斯和明治维新的日本，“拿来”最为成功。

(1) 彼得一世只学本国所需，不学不需要的。近代俄国，曾自我孤立于欧洲。这有两个原因：一是俄国所信奉的东正教与罗马推行的天主教长期不和；二是 1237 年蒙古入侵。蒙古人的统治割断了俄国同欧洲的联系达两个世纪。这个时期主要是西方文艺复兴、宗教改革和海外扩张、商业革命。俄罗斯基本上未受这些深远的经济和文化运动的洗礼和影响。

当俄罗斯人于 15 世纪摆脱蒙古人时，基本上缺乏扩张商业、工业和科学文明的能力。俄罗斯人很快就看出，经济和技术的落

图 8-1　俄罗斯人

后是对国家安全的威胁。因而 16 世纪的俄罗斯，开始借用西方的东西，作为崛起的手段，而沙皇彼得（在位期间为 1689—1725）以钢铁般的意志和巨大干劲，大大加快了这一近代化进程。1696 年他派出的一个 250 人西欧考察团，彼得隐姓埋名随行。他关注工业、经济和军事。而对法国的文化和英国的议会制度则没有兴趣。他以一个普通劳动者的身份，在英国和荷兰的造船厂工作，了解在他看来对国家有用的东西。他还参观了各种类型的造船厂、兵工厂、铸炮厂和海军部等以及大型军事演习。这些参观使彼得大开眼界,进一步找到了俄国同西欧的差距。在回国途中,一张清晰的改革方略图,就在他心中形成了,所以当几位大臣迎上来问候远途归来的彼得时,他突然操起剪刀,朝他们的长胡子剪去,由此揭开了一系列改革的序幕。汤因比对彼得的改革评论说:"彼得的任务是使俄国的文官政府和军事组织赶上当时西方的水准。他的政策取得了成功。最初的成效,体现在他本人于 1709 年战胜了草率侵略乌克兰的瑞典人。而最辉煌的成效则是一个世纪后,俄国驱逐了拿破仑的军队……彼得一世的政策取得了成功……他的政策贯彻了两个多世纪。"

(2) 日本向西方学习,抓住了第一生产力——通俗称科学这个要害。在近代,19 世纪中叶以前的日本与世隔绝。16 世纪葡萄牙人在日本曾受到欢迎,但幕府发觉,西方的宗教和贸易是一股威胁他们权力,使人不安的力量。因此,他们逐一断绝了日本同西方的联系渠道。但也留下少数荷兰人在九州岛上经商。而即使在闭关自守的几个世纪中,日本人也用心研究"兰学"——西方科技,积极了解欧洲情况,主要是向继续留在日本经商的荷兰人打听外部世界的消息。得益于对外界的了解,幕府相应提倡军事工业,维持学习与使用外语和外国课本的学校,等等。《全球通史》的作者指出:"日本人对西方文化始终具有鉴别力。"他们着重进行的是通俗科学和技术的普及,这实际上是属于第一生产力的东西。1868 年日本明治天皇颁布了一篇"誓文",要点之一是"破除旧习……,求知于世界"。对日本近现代化有重要影响的是几次国外考察团的派遣。多次考察,目睹西方工业文明的巨大力量,彻底觉悟自己国家的落伍,知道了日本必须追赶才行。推翻幕府以后,明治政府积极引进西方先进技术，发展军事、电讯、矿山、纺织缫丝等官办工厂，并从外国输入机器，聘请技师。同时政府以优惠政策扶助私人企业。19 世纪 80 年代，日本经济发生了巨变，机器生产代替了工场手工业。

汤因比评述中、日两国在近代同西方文明接触时的选择："来自西欧的耶稣会传教士，带来了西方技术和基督教，分别于 1549 年和 1552 年抵达日本和中国。日本接受了新技术……，中国对宗教比较宽容，但对西方科学则将信将疑。"又说："19 世纪日本自下而上的西化运动，是被现代西方世俗的科学思想激发起来的。"就是说日本近代化的成功在当时是抓对了路子，即抓住了科学技术——"通俗科学"这个第一生产力。

三、汲取人类一切优秀文明要有开放心态——"猫论"

"不管白猫还是黑猫，抓住老鼠就是好猫"。"猫论"蕴含着吸收人类一切优秀文化成果的开放心态。美国《纽约时报》记者哈里森·索尔兹伯里也看到了这一点，他说："邓说，'不管白猫黑猫，抓住老鼠就是好猫'，他的意思是：为了中国在 2000 年达到技术合理化，准备采纳不管哪里来的技术办法，发明创造和意见。"（武原编《外国人眼中看中国群星》）"猫论"有一大前提：1983 年邓小平与国家计委等部门负责人谈话时指出："总之，要以是否有助于建设有中国特色的社会主义，是否有助于国家兴旺发达，是否有助于人民富裕幸福，作为衡量我们各项工作，做得对不对的标准。"

俞吾金说："猫论"是对抗教条主义和一切陈腐观念的武器，它注重实干和效果，反对一切迷信和空想。"猫论"倡导的不是急功近利的实用主义，而是把人们从教条主义下解放出来，指点迷津的深邃哲理。

费耶阿本德反对科学工作中的教条主义论对从方法论上理解“猫论”有何意义？费氏指出：“科学认识中，充满着这种和那种假说、思想的互相冲突，科学发展过程包含着复杂、混乱、错误，但引人入胜的一系列机缘和奇思杂陈的事件。而今日学校中的科学史教育，却把科学发展过程弄成又枯燥又单调，仿佛科学的研究和发现，同一个人的宗教、哲学观、文化背景，甚至幽默，以及富有特色的科学创造性毫无联系。而这样的科学史教育只能抑制一个人的想象力”。

费氏认为，我们探索的这个世界，在很大程度上是一个未知的实体。因此我们必须在总体上保持有选择的开放，切不可预先就作茧自缚。一些认识论药方同另一些认识论药方，或与一般原则相比可能显得十分光彩，但是谁能保证它们是最佳途径，循之可发现不仅是少数孤立的“事实”，且还有自然界的某些深藏的奥秘呢？

总之，在科学面前，一切都可以为科学所用，成为科学的手段。费氏认为，理论假说和方法“它们可以取自一切能够找到它的地方——取自古代神话和现代成见，取自专家的力作和狂人的奇想。为了改良一门学科的最新阶段和‘最高级’的阶段，它的全部历史都要利用”如哥白尼之利用希腊的古说，现代中医利用古医书中的片言只语、而茅塞顿开启发了解决当下难题的灵感。总之科学研究首先要致力于原始问题的提出，主要善于仰观俯察又有哲学大视野。然后找到解决问题的“药方”，在此问题上，不能作茧自缚，而要在总体上保持选择开放，视一切都可为科学所用。

费氏方法论的积极意义，在于鼓励在科学工作中解放思想，在新出现的情况面前，大胆提出各种新理论和新观点。

四、集思广益的“头脑风暴”群体创新方法

工程师奥斯本首次提倡以小组形式,开动集体智慧,集中思考解决疑难问题。这种形式取名为“头脑风暴”。奥氏总结出“头脑风暴会”要开得成功,必须遵守两个原则:“延时判断”和“在数量中求质量”。“延时判断”是指头脑风暴会上只提设想建议,并求多多益善。会上只解决“博学”的问题,不去当场“审问、明辨”,不在同一次会上进行评价性判断——放到另外会议上评判。

一位外国军事学院院长说:“在军队,我们通过画地形图的办法来培养提高军事干部作战的创造力。第一点,学员应当知道进攻的目标。如果不明确目标,就不可能击中这一目标。第二点,我们教他们学会在接近目标的各种通路和方法中进行选择。无论在军队,还是在地方,很少有一个目标仅用一种办法就可以达到目的。一个问题,究竟有多少条路和方法,需要进行选择研究。是两个吗? 10 个还是 20 个,或者更多? 在解决问题的研究中,提出大量设想,要比少量设想好得多。”

英特尔提倡两两激辩和请教客户,超越奥斯本方法。不久前,英特尔公司谈他们的创新文化时说:我们发现两个工程师,经过讨论甚至激辩之后所产生的议案,结果往往胜于一个人闭门造车所推出的意见。工程师初步推出的建议通常也不够理想,再与客户、市场行销,以及工程师之间的互动探讨,才能激发出开发新产品的火花。英特尔处理器的诞生,也是始于这种阵阵火花。客户提出要求,接着众多的讨论和探测,然后是大胆的冒险行动。起初甚至没有人知道这种产品可以用在什么地方。当时的想法是:“这玩意儿搞不好可以打开一个新的市场。”谁料结果真是这样。1992

年英特尔公司每年设立一个“创新日”。在这一天,希望员工提出新的想法,并给予冠军 10 万美元奖励。同时也给提案人一年的时间全力投入着手完善他的议案。每年的“创新日”,都有平均 200 多件提案。

五、古今行之有效的两大思维方法——整体论和还原论

人类在创造文明认识宇宙方面的思维方法,大体上说基本上有两种,一是整体论方法;二是还原论,即分析和拆零的方法。医学家刘里远说:人类首先面对的是宏观世界。生活在宏观世界中,没有人载上显微镜走路,没有人一个分子一个分子地品尝饭菜的味道。人类的认识首先起源于对宏观世界的观察,起源于人和自然关系的探索、体悟。后来为了更深入了解物,才在各种工具的帮助下,向局部和微观世界深入。这种方法后来成为现代科学的特征。

1. 整体方法论

整体方法论,就是让人们从宏观位置上去观察事物、认识事物。宏观是指,可以概括一事物一切方面的最大认识。吕嘉戈指出,宏观就像一顶伞,罩在所要把握事物的上面,是涵盖一切的。研究事物总要居高临下,俯察鸟瞰,把它放到一个包容它的更大的环境系统中。“红楼泰斗”周汝昌,赞词盈然。“孔夫子网”2012 年 4 月特意安排他与网友在线交流。周说:“我最重要的一点贡献就在于我研究《红楼梦》是用大视野。相对于小盆景而言,《红楼梦》不是一个好玩的小玩意儿,它是我们民族文化的精粹,因为它包含、总结了我们民族的文史哲精华和真善美。是一个前无二例的大整体。”从宏观上把握,其原则是一定要从所要把握、认识事物的

最大方面去概括。做不到这一点，就不能把握到此事的宏观。如大禹治水，禹接受了其父鲧治水的教训——“水必润下”，即水往低处流的根本规律，把握了治水的这个宏观。从此他改变了前人治水只用“堵”的方法，而改用疏导解决大洪水灾害。再如中医，认为医药的首要问题是使人健康长寿。“上医治未病”，华佗教人做“导引术”等形神兼练达到健康不生病状态。一旦患病，便通过病症与经属符合的药物，进行经气的调节，恢复健康。孙子说：“上兵伐谋。”用兵的最高境界是用谋略战胜敌人。“不战而屈人之兵善之善者也”，要做到这些，都必须以掌握宏观为条件。

阴阳五行是地球上最大宏观。古人看到日夜的更替周而复始，这现象后来被称为阴阳变化，白天指阳，黑夜指阴。古人又观察到日夜更替积累到一定天数，气候由热变凉，由凉变寒，直接影响农业生产和人类生存。古人还测日影(见图 8－2)，发现地球节

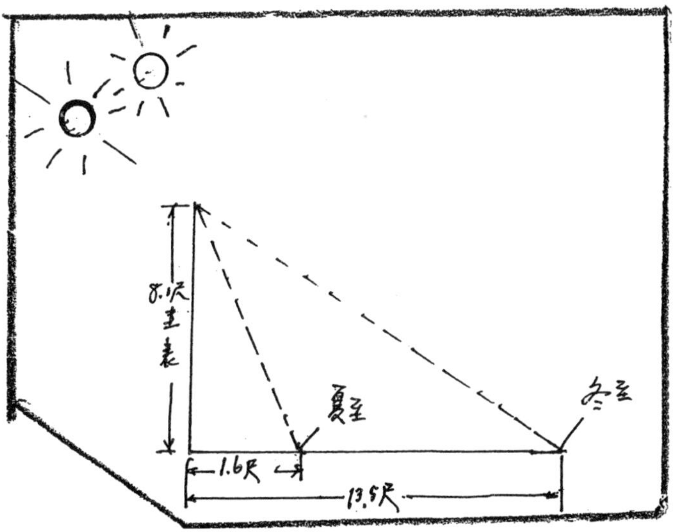

图 8－2　测日影

气和季节变化是有规律的。这实质上就是五行关系问题。从现代观点看,阴阳是对地球自转带来日夜更替的形象化表达;五行则是地球公转带来的木、火、金、水,即春夏秋冬四季更替的形象化表达,土指地球。这样我们就可以理解为什么阴阳五行是地球上万物最大的宏观把握了,因为地球上的万物都置于其上谁也无法摆脱地球运动的宏观属性。

宏观是有层次的。显然,阴阳五行只是对地球上自然现象的宏观认识。但古人对宏观认识不局限在地球。当伏羲氏的"无字易"发展到战国时期的《周易》时,上述一套把握宏观的方法被更多应用在人类社会。《周易》说:"有天道焉,有地道焉,有人道焉。"今人司马云杰对此引申说:"天有天道,人有人道,世有世道,国有国道,家有家道。大则宇宙观、价值观及君臣父子关系,小则柴米油盐,生活琐事,无器不包,无道不器。"分清了宏观层次后,就较易对具体事物的宏观把握了。一切事物中有不同层次的宏观,但其最大的宏观是统管其下各层次的宏观。地球万物的宏观是阴阳五行。把握宏观是指人的认识要站到某个层次的宏观位置上。这样才能从上往下俯视地观察事物,所属事物尽收眼底。从宏观把握是整体方法的灵魂。

把握宏观的科技发明。李约瑟博士认为,中国古代科技的首创发现占世界科技发明的一半以上。这些成就多是在宏观方法指导下获得的。15世纪前,古代中国科技领先于世界数千年。如在中国无数的原创性发明中,有一件被西方人认为是最简单、却又是最具推动欧洲社会发展的发明,即马镫,在欧洲曾产生过惊人的作用。相传马镫早在西周时期就开始用了。而欧洲人解决骑乘问题,他们是从局部看的:骑手在马奔跑时,两手会想方设法抓住马鬃。罗马人才有在马鞍上装"T"形扶手的发明。而从骑乘这件事的整体看,骑马的宏观核心问题是安全舒适,抓住了这个宏观就能找到骑乘问题全面解决的办法。马鞍和马镫,尤其是马镫的发明,使上述问题彻底解决,既安全舒适,又解决了双腿下垂肿胀的问题。直到今天不失其用。这说明不同思维方法指导下的发明差别很大。欧洲人公元 585 年后,才获得中国马镫的制造方法。林恩·怀特说:"只有少数的发明像脚镫(即马镫)这样简单,但却在历史上产生巨大的催化影响。"李约瑟说:"像中国的火药,在封建主义的最后阶段,摧毁了欧洲封建主义制度一样,中国的马镫在最初阶段帮助欧洲资本主义的建立。"

运用宏观方法解决问题,首先要用我们自己的眼睛和思维,去仰观俯察、分析把握事物在不同时期,不同层次的宏观格局,妙悟其宏观核心问题之所在,然后寻找到与问题匹配的相应宏观解法,(如上述禹解决大洪水之用"水必润下"的"疏导"法,而不再错用前人违背洪水之宏观的"堵"的方法)由此开创新格局,进一步推动事物的宏观发展。

2. 关于还原论

历史学指出继新石器时代,以种植养殖为特点的农业革命使文明成为可能,但是一旦前进了这一大步,农业就再没作出进一步的贡献。科学则相反,恰好借助了它的研究法——客观研究法,而不断发展。科学本身包含了无限进步的可能性。本节叙述的"还原论"就是一种科学的客观研究法。

还原论的方法也叫分析法。笛卡尔在《方法论》中说,"解决问题要层层向下分析。"必须按照解决的需要,把每个问题分成若干部分,直到最简单的命题为止。据此,可以从简单命题中重构知识。阿尔文·托夫勒对还原论,有形象的说法:在当代西方文明中得到最高发展的技巧之一就是拆零，即把问题分解成尽可能小的一些部分。我们非常擅长此技，以致我们竟时常忘记把这些细节重新装在一起。……在科学中，我们不仅习惯于把问题划分成许多细部，我们还常用一种有用的技法把这些细部的每一个，从其周围的环境孤立起来，这样一来我们的问题与宇宙其余部分之间的复杂的相互作用，就可以不去过问了。

上述方法，从牛顿力学中看得很清楚。牛顿力学方程是线性微分方程，其线性意味着大尺度现象可看成小尺度现象的放大。"微分"的意思是把一个对象无限地分割下去。微分方程表述的是把一个研究对象无限分割之后所找到的函数关系。一叶知秋，窥一斑知全豹，是牛顿方法论准则。牛顿微分方程不仅包括拆大为小，还包括"孤立法"，即不考虑与其余部分复杂的相互联系，孤立地分析本系统受力情况及运动状态。近代实验也多用孤立法，即假设一多因素的问题，控制其余因素不变，而只让其中一个因素起变化，各个因素依次这样试验，最终找到函数关系。中学物理教师任务之一，就是要把"孤立法"（隔离法）显示给学生。牛顿力学拆整为零的方法，对整个古典科学起了示范作用。把复杂事物分析成简单事物的组合，把宏观归结为微观的组合，成了近代科学一个主导地位的方法论原则。

林语堂曾用诙谐笔调描述过还原论科学方法大意："科学方法除了分析之外，常包含愚拙而顽强的苦役钻研。"外国学校有人写一篇研究冰淇淋的论文。经过不断努力之后，却宣布其犹豫不决之结论：所谓制造冰淇淋，所用糖之主要作用为使之甜。或有经过长期井井有条之研究，发表"四种洗濯盆碟方法之时间与动作之比较"，而复得意扬扬自以为觉察了一个新的学理，即"伛腰与提举的动作是疲劳的”,或则一篇《棉制内衣霉菌量之研究》。“霉菌数量之增值,与外衣退去所需时间成正比例”。芝加哥的一位大学生,专事精密研究各种书信格式之感动力,结果发现一大原则,即“字迹愈深,则易注目”。曾有登载在杂志上的一幅精美插图,那图画着一个行为主义心理学家的圆桌会议。他们正把猪体加以检测,一支寒暑表插在猪的鼻孔里,前面则挂着一串珠链。检测结果,乃一致决定:“猪猡见了珠宝,并不发生反应。”林语堂说:这样描写并不算侮辱科学方法。一位心理学教授曾在第九届国际心理学家年会上宣读论文一篇,其标题为《普通烦恼之起源及其性质》。文中烦恼种类二万一千种之多,其后去其共性类相同、重复、并非纯粹之烦恼,最后减至五百零七种(!)他又把此分归数类,像食品、杂品、毛发者 26 种征兆,见了秃头颅者 2 种征兆,起于蟑螂者 24 种征兆云。“有许多呆笨苦役里,当包含着一部分真实的科学功绩”。林语堂指出这种真实的科学训练,使科学发达于今日灿烂的光辉阶段。

六、还原论的两个基石:形式逻辑和科学实验

爱因斯坦说:“西方科学的发展是以两个伟大的成就为基础,那就是:希腊哲学家发明的形式逻辑体系(在欧几里得几何中)以及在文艺复兴时期发现通过系统的实验可能找出因果关系。”

1. 逻辑方法又有演绎和归纳

(1) 演绎。亚里士多德认为,科学的目的在于解释,并提出了从一般原理推论出需要解释的现象的方法,即“三段论”演绎法:

大前提　　　凡人必有一死
小前提　　　苏格拉底是人
结论　　　∴苏格拉底必有一死

大前提是否靠得住，要用比它更普遍的知识来解释。以此类推将会形成无穷的追溯。为了防止这种情况，亚里士多德规定，每门科学的最普遍规律——第一原理是不证自明的。但必须从观察中归纳出来。

亚里士多德认为，科学是演绎的解释。在欧几里得几何学体系中，就是由公理、定义、定理等组织起来的系统。公理是不证自明的真理，定理从公理中演绎出来。欧几里得从5条公式、23个定义和5条公理，推出了人们原来不知道的467条定理。这是形式逻辑从已知推出未知最明显的例证。牛顿说："几何学的光荣，也就在于它运用从别处得来的少数几条原理，而能提供这么多的东西。"

(2) 归纳。关于归纳法，英国哲学家穆勒提出了判明因果联系的五种方法：求同法、差异法、共变法、剩余法和求同—差异法。其式如表8-1所示：

世界名著穆勒《名学》的译者严复，在《西学门径和功用》文中用"内导术"、"外导术"来称呼归纳法和演绎法，并指出这些科学方法是穷理的"妙道"。"格致所用之术，质而言之，不过如此。其事尤精，因推究精微之用，……则多内导学至外导，则可据已然已知以推未然未知者，此民智最深者也"。

2. 实验法

杜威在《教育哲学》中说：科学试验，其大意是用动作将一方面心的作用和另一方的天然界的事实连起来。如有一种金属，不

表 8-1 因果关系判明表

求同法			差异法			共变法			剩余法			求同存异法		
事例	因素	现象	事例	因素	现象	事例	因素	现象	事例	因素	现象	事例	因素	现象
1	ABCD	abs	1	ABC	a	1	A_1BC	a_1	1	ABC	abc	1	ABC	a
2	ACD	acd	2	BC	—	2	A_2BC	a_2	2	BC	b	2	ADE	a
3	ABCE	afg				3	A_3BC	a_3	3	C	c	3	EG	—
												4	HI	—
∴ A→a			∴ A→a			∴ A→a			∴ A→a			∴ A→a		
事例中都有 A 存在，结果中也都有 a。∴ A 是 a 的原因。			A 出现则有 a，A 不出现则无 a。∴ A 是 a 的原因。			A 变化、BC 不变，出现 a 也变化。∴ A 是 a 的原因。			(已知 B 是 b 的原因，C 是 c 的原因)。A 不出现 a 就不出现。∴ A 是 a 的原因。			有 A 则 a 出现，无 A 则 a 不出现。∴ A 是 a 的原因。		

知道它是什么。归纳法不过看它是什么颜色，什么光泽，多少重。然这种方法往往不够用。科学方法则用动作加点酸下去，看它起什么反应。另加别的酸下去，又起什么反应。如酸不够，用热，烧到多少度，变成什么样子，这都是用人的动作引起物的变迁，将它的性质、作用全明白了，故曰："科学的方法是人的动作，连起心的作用，加之于天然界，才有创造的关系……这个话详细说，就是动手时先有一种计划：用什么下去，应该起什么现象，这是心的作用。加下去以后，看它是否起这种现象，我的计划对不对，不对再用别的方法试验，使之有新的事实，由新的事实再发现新的观点，所以是由意识指导的。科学试验同经验相比，后者常常是被动的瞎碰。而科学的试验不是盲目的尝试，而是用假说、意识做向导，不乱做事。是边想、边做、边试验。一步一步都预先布置，之后再动手做。"

近代科学的发达，同实验方法的强调与运用有密切关系。康德指出："科学进入学问之道，为时甚晚。自培根的天才建议以来……实仅一世纪又半耳。……唯我今所指之自然科学，仅限于建立在经验的原理者而言。……自然研究在数世纪冥行盲索以后，始进入学问之坚实途径。"(《纯粹理性批判》)

实验是科学认识的基本方法，其特点，乔治·萨顿曾概括为：用仪器作用于对象，促成某些现象出现。当涉及许多变化因素时，可根据有关知识，提出诸可能的因素，即假说，并只允许一个因素参与变化，使其他因素保持不变，并以此法逐一试验各因素与所发生现象之间的关系，这就是控制。实验是在控制的条件下，考察对象的因果情况。

实验是经验方法与思辨——"理性的狡猾"(黑格尔语)相结合的过程，从而实验对揭示自然界奥秘有强大的作用。爱因斯坦指出："何况伽利略所掌握的方法是很不完善的，只有最大胆的思辨才有可能弥补经验材料之间的空隙（比如那时并没有测量小于1秒钟的办法）。"（《关于托勒玫、哥白尼两大世界体系的对话》英译序）这里的思辨，就是想象力、创造性和逻辑严密性。一句话，实验离不开心的作用，如实验前要做足"功课"准备，并做好前瞻指导。在"控制中"要"在意"于及时捕捉新信息；实验结束时，要有恰当的结论与反思。

实验的操作。法国实验科学家C.伯尔纳曾概括为两点：① 以严谨的调查，取得精确事实的技艺；② 以实验推理研究这些事实，从而推论出现像规律的知识的技艺。（《实验研究导论》）伽利略在帕多瓦大学用羊皮纸减少斜面阻力因素，用水漏计测时间等控制的方法，以及穆勒整理数据的归纳方法，代表了上述两种技艺。

实验也是分析法的范例，并具有划时代的意义。主要提供了发现自然界奥秘的法术般认识工具：首先，使人类在认识中的地位由被动变成了主动。希腊人，如亚里士多德，才华横溢，但那时的研究方法，只有被动的静态观察，好比守株待兔，认识材料的积累和科学的发展欲速不能。而实验能主动干预大自然，主动取得深藏不露的自然界新信息。其次，控制方法还能化繁为简。例如亚里士多德物理学有许多众所周知的错误，问题就出在古人仅凭静观，无力辨明自然界自行发生的现象中，往往有许多因素纠缠在一起。而实验能运用人为的简单因素控制方法使复杂变为简单。伽利略以来300多年间，正是由于人类叩问自然、搜寻新信息方面，本领大大提高，科技发展也就突飞猛进。

笛卡尔和F.培根提倡了分析和实验法，伽利略拿起望远镜身体力行实际运用新的科学方法，发现了星空新的运动物体，还用实验研究力学定律；荷兰雷文虎克用显微镜看到了毛细管和筋腱纤维，看到了血球和细胞；哈维在1628年发现了血液循环；玻义耳发现了化学定律；法拉第发现了电磁互变的规律；等等。新方法的运用产生了许多伟大的天文学家、物理学家。与亚里士多德用肉眼静观的时代不同，用能动的新方法，自文艺复兴以来400多年间，研究清楚了数十亿年来宇宙演化的历史，弄清了热力声光电基本规律。"还原论"功莫大焉！

两种方法都功不可没。整体论在观察的基础上善于综合概括拿捏而能高瞻远瞩。近代以前的15个世纪，是整体论引领世界，证明辩证的整体论的伟绩。伯恩斯说："历史的确证实了爱因斯坦的一句名言：除非一个人摈弃细枝末节，具有更广阔的视野，否则在科学研究中就不会有任何重大发现。"汤因比则说："对具有复杂思维特点的人类思想来说，现象看上去简直无以计算，宇宙则无边无涯。这种既无航海图又无罗盘针，在渺无边际的大海中随波逐流的体验，对于力量有限的人类是件可怕的事情。在这种令人惶恐的形势下，我们鼓励自己的办法，首先是力图相信大海看上去不那么辽阔。我们试着对它玩一些分割和省略的把戏。但在这么做的时候，我们看透了它们，然后这种救助的绝招，便保留了下来，成为令人敬畏的办法，并使思想的网络铺砌到整个宇宙之上。"

具体问题要用具体的解决方法。分析法和整体论各有各的用处。应掌握精髓善于互补运用。